NCS 적용교육!! ORIENTAL MEDICINE

한방미용학

한국형 특수관리

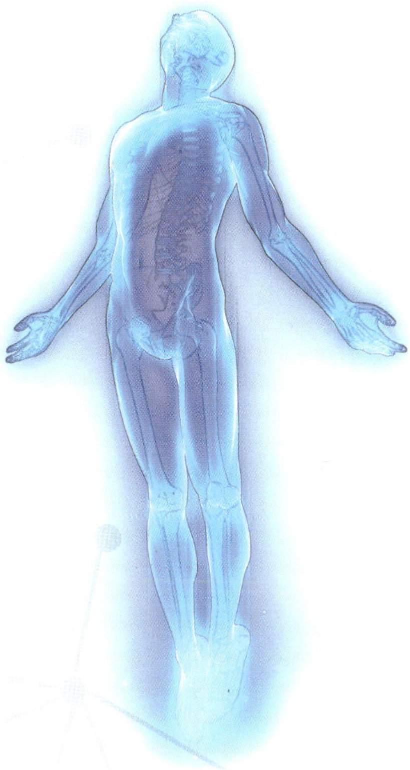

메디시인

머리말

본래 의학은 질병의 치료가 목적이었지만 오늘날 경제가 급속도로 발전하고 삶의 질이 향상됨에 따라 사람들의 건강하고 젊게 살고자하는 데에 많이 이용되고 있습니다. 피부미용관리도 그와 같은 방향으로 변모하게 되었고, 피부미용관리사들은 이러한 시대적 흐름에 부응하여 한의학 이론을 근간으로 하는 한방미용관리 기술을 습득하여 산업현장에서 폭넓게 활용하고 있습니다.

'한방미용관리' 란 인체의 경혈(에너지포인트점)과 경락(에너지흐름)을 조절할 수 있는 수기요법을 통하여 자연치유력을 높이고 질병을 예방할 수 있는 피부관리요법으로서, 대체의학을 선호하는 요즘 트렌드에 적합한 방법입니다. 그러나 수천 년 간 전승되어 오면서 복잡하고 정밀한 이론적 체계를 갖춘 의학으로서의 한의학 이론을 미용분야에 적합한 방식으로 활용하는 것은 결코 쉬운 일이 아닐 것입니다.

이 책은 미용계열 대학에서 한의학을 처음 접하는 학생들이 쉽게 이해할 수 있도록 하는 교재로 집필하였습니다. 따라서 시대의 흐름에 부합한 국가직무능력표준(NCS)의 기준에 맞춰 한국형 특수관리로 표기하였고 이전 저술 중에 내용을 재수정하였습니다.

테크닉을 수행할 때에도 경맥의 흐름과 그 이론적 맥을 잘 이해할 수 있도록 인체의 부분적 경락도를 정리하여 수록하였습니다. 이는 필자가 한의학을 처음 접한 이후 수차례 공부하면서 느꼈던 어려움과, 한의학에만 치중되어 있던 교재들에 대한 아쉬웠던 부분을 조금이나마 해소하기 위해서입니다. 후배 미용인을 위해 현장에서 가장 필요로 하고 실용적인 차원에서 활용될 수 있는 이론의 수학(修學)에 도움이 되었으면 합니다.

이 책은 피부미용관리사들에게 한국형 특수관리 직무능력을 향상시키기 위해 쓰여진 텍스트입니다. 따라서 실제 학생들이 이론 및 실기수업에서 보고 배운 것들을 개인적으로 정리 가능하게 하여, 취업 후에도 활용할 수 있도록 하였습니다. 모쪼록 후진 양성에 조금이라도 도움이 되기를 바라며, 미흡한 점은 아쉽지만 추후 보완의 과제로 삼읍시다.

끝으로 이 책 출판을 위해 애써주신 메디시언 임직원분들께 깊은 감사를 드립니다.

병신년 새 봄에

필자 대표

차례

Contents

차례

PART 2 한국형 특수관리 - 실습편

Contents

한국형 특수관리
이론편

1. 음양오행의 이해
2. 경락(에너지ㅎ름)의 이해
3. 경락(에너지흐름)의 구성
4. 14 정경맥

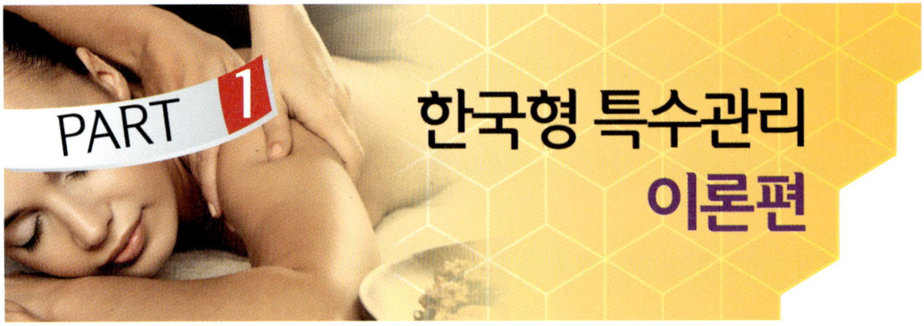

PART 1 한국형 특수관리 이론편

한국형 특수 관리란?

현재 고용노동부에서 시행하고 있는 NCS(국가직무능력표준)에 따른 능력단위요소인 한국형특수관리하기(1201010205_14v2.7)로 되어 있으며 능력단위명칭인 피부미용특수관리(1201010205_14v2.7)안에 표기되어 있다. 수행준거로는 '전신의 부위에 분포된 에너지포인트점 파악 능력' '다양한 테크닉 기술능력' '아로마 블렌딩 기술능력' 등으로 설명되어 있다. (www.ncs.go.kr)

현재 교육현장에서 교육프로그램이 NCS를 기반으로 이루어지고 있는 바 그에 맞춰 본서는 혈점이나 경혈점 또는 지압점이라고 부르는 명칭을 괄호 안에 삽입하였다. 또한 2008년 10월부터 시행된 국가자격 피부미용관리사제도가 법 제도권 안으로 들어가면서 한의학을 토대로 수행해오던 경락관리는 많은 단어들이 의료법에 저촉되어 마찰을 빚어왔다. 때문에 시대의 흐름에 적합하게 사용해야 하는 필요성을 느껴 본서에서는 민감한 부분의 단어는 바꾸기로 표기하였다.

한국형 특수관리를 수행하기 위해서는 한의학에서 자연현상에 대해 정립해 놓은 음양 오행이론을 이해하는 것이 중요하다.

1. 음양오행(陰陽五行)의 이해

음양오행이란 음(陰)과 양(陽)이라는 상반된 속성의 조화로부터 파생된 오행, 즉, 목(木), 화(火), 토(土), 금(金), 수(水)의 다섯 가지 성질의 운동변화에 의해 우주만물이 생성·소멸한다고 인식하는 이론을 의미한다. 이를 근간으로 모든 자연현상을 해석하고 탐구하는 것이 가능하다.

1. 음양학설(陰陽學說)의 개념

모든 사물의 성질은 음과 양으로 나뉘고 어떠한 사물의 내부에도 음과 양의 양면을 포함하고 있으며, 음양 사이의 관계는 상호의존(相互依存), 상호대립(相互對立), 상호소장(相互消長), 상호전화(相互轉化) 등으로 설명된다.

(1) 음양의 특성

① **상호의존**(相互依存) : 음과 양은 서로 의존하고 통일한다.
② **상호대립**(相互對立) : 음과 양은 상대적이고 대립되는 속성을 가진다.
③ **상호소장**(相互消長) : 음과 양은 상대적 균형을 유지하고 있다.
④ **상호전화**(相互轉化) : 음과 양은 상황에 따라 끊임없이 서로 변화하고 이행하며 포함한다.

표 1-1 음양의 상호대립

음(陰)의 성질	수(水)	한(寒)	명(明)	밤(夜)	지(地)	정(停)	강(康)
양(陽)의 성질	화(火)	열(熱)	암(暗)	낮(晝)	천(天)	동(動)	승(承)

표 1-2 장기의 성질

음(陰)의 장기	간	심장	비장	폐	신장	심포
양(陽)의 장기	담낭	소장	위장	대장	방광	삼초

2. 한의학에 음양설의 응용

① 인체의 조직구조를 설명한다.
　음 : 오장 하부(五臟 下府), 사지의 내측
　양 : 육부 상부(六腑 上部), 사지의 외측 등 위치에 따라 구분 한다.
② 인체의 생리기능(生理技能)을 설명한다.(**음** : 물질, **양** : 기능)
③ 인체의 병리변화(病理變化)를 설명한다.(**저항력** : 정기, **질병** : 사기)

④ 질병(疾病)의 진단에 활용된다.(음양의 실조로 설명)
⑤ 질병의 치료에 적용된다.(음양의 조절)

3. 오행학설(五行學說)의 개념

오행학설은 목(木), 화(火), 토(土), 금(金), 수(水)의 다섯 가지 기본적인 요소로 구성되어 서로 화합하고 화생한다고 인식하여 자연계의 모든 사물을 오행의 속성과 작용으로 추단, 연역, 귀납하여 설명하는 이론체계이다. 따라서 오행사이에 존재하는 상생과 상극의 규칙에 의해 오행이 서로 섞여 조화를 이루게 하는 데에서 부터 우주의 각종 사물이 화생한다는 것에 근원을 둔 일반적인 기본법칙이다.

(1) 오행의 특성

목, 화, 토, 금, 수 상호간에 서로 발생, 조장, 억제, 상승하는 관계에 근거한 상생(相生), 상극(相剋), 상승(相承), 상모(相侮)의 이론체계를 만들어 인체의 생리와 병리 및 외계환경과의 상호관계를 추정하여 예방과 치료에 적용하는 근거로 삼았다.

① 목(木)의 속성 : 나무가 위를 향해 곧게 성장하되 사방으로 무성해짐을 의미한다. 한의학에서는 이를 승발, 생장, 발생으로 해석한다.
② 화(火)의 속성 : 불꽃의 뜨거운 열기가 위를 향해 치솟는 현상을 뜻하며 이는 온열과 성장, 무성, 추진을 '화' 의 추상적인 속성으로 해석한다.
③ 토(土)의 속성 : 인간이 곡식을 심고 수확한다는 뜻의 토는 만물을 받아들여 조화롭게 살아가게 하므로 어머니와 같은 의미와 통합으로 해석한다.
④ 금(金)의 속성 : 금속물질이 제련되어 다른 물질로 만들어지므로 '바뀌다' 의 의미를 지니는 변혁, 차가움, 조절, 정결, 수렴 등으로 해석한다.
⑤ 수(水)의 속성 : 물이 아래로 흘러가서 만물을 윤택하게 하는 수의 성질로 이해되며 이후 수의 속성을 자윤, 하향, 폐장, 한량, 침정으로 해석하였다.

(2) 오행의 상생, 상극, 상승, 상모

① 상생(相生)

상생이란 오행(木, 火, 土, 金, 水)의 순서에 따라 자생, 조장하고 촉진하는 관계, 즉 생장을 뜻한다.(목생화, 화생토, 토생금, 금생수, 수생목)

② 상극(相剋)

상극이란 오행(木, 火, 土, 金, 水)의 순서에 따라 평형의 상태를 이루도록 억제, 제약하는 것을 뜻한다.(수극토, 토극수, 수극화, 화극금, 금극목)

③ 상승(相承)

상승의 '承'은 '이어받다, 받들다' 등의 뜻으로 제약이 지나침으로써 정상적인 제약의 한계를 벗어남을 뜻한다.(목승토, 토허목승)

④ 상모(相侮)

상모의 '侮'는 자신의 강함을 과시하여 약한 것을 업신여기는 것을 의미한다. 오행 사이의 상모는 상극의 반대로서 제약하는 것을 뜻한다.(목모금, 금허목)

상승, 상모 및 상극 *Check point*

상승과 상모, 상극은 오행의 질서에서 상반되는 것처럼 보이지만 실제로는 오행 간 상생의 제약을 통해 평형상태가 파괴되어 발생하는 비정상적인 상극현상으로 풀이된다. 따라서 상승과 상모가 동시에 발현될 수 있고 또한 상모와 상승이 동시에 나타날 수 있다.

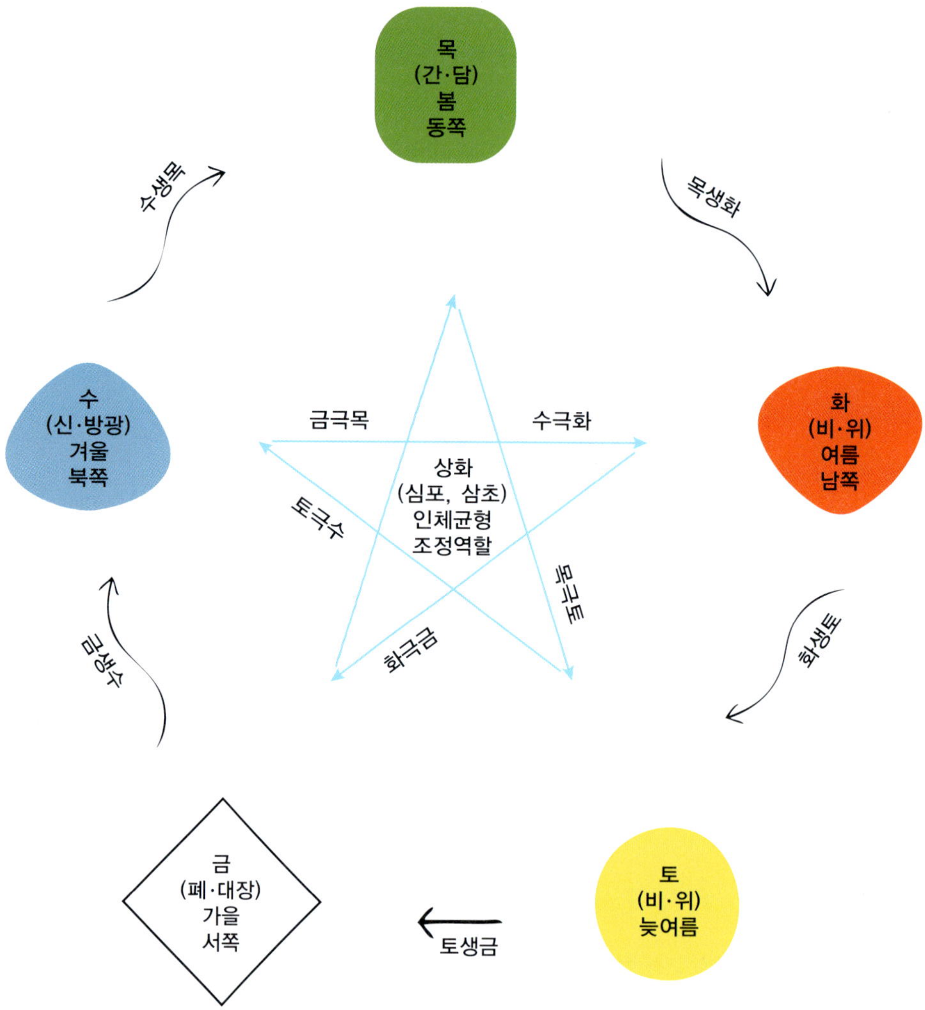

그림 1-1 오행의 상호관계

(3) 오행의 배속

구분	목(木)	화(火)	토(土)	금(金)	수(水)
천양	갑(甲)	병(丙)	무(戊)	경(庚)	임(任)
간음	을(乙)	정(丁)	기(己)	신(莘)	계(系)
지양	인(寅)	오(午)	진(辰) 술(戌)	신(申)	자(子)
지음	묘(卯)	미(未)	축(丑)	유(酉)	해(亥)
오색	청, 녹	적, 홍	황	백, 회	검, 보
오장(음)	간장	심장	비장	폐	신장
오부(양)	담(쓸개)	소장	위장	대장	방광
오방	동	남	중앙	서	북
오계	봄	여름	환절기	가을	겨울
오미	신맛(酸)	쓴맛(苦)	단맛(甘)	매운맛(辛)	짠맛(鹹味)
오시	아침	낮	한낮	저녁	밤
오음	각	치	궁	상	우
오상	인(仁)	예(禮)	신(信)	의(義)	지(智)
오변	생기	왕기	둔기	숙살기	사기
오기	풍(風)	열(熱)	습(濕)	조(燥)	한(寒)
오지	노함(怒)	기쁨(喜)	우울(思)	슬픔(悲)	두려움(恐)
오관	눈	혀	몸	코	귀
신체	신경계	순환계	근육계	조직계	혈액계
입속	맛보기	혓바닥	입술	치아	침
오체	근(筋)	혈(血)	육(肉)	피모(皮毛)	골수(骨髓)
오성	호(平)	수(笑)	가(歌)	울곡(哭)	신음신(呻)
오액	눈물 읍(泣)	땀 한(汗)	침연(涎)	콧물 제(梯)	침뱉을 타(唾)
오취	누린내 조(燥)	불냄새 초(焦)	단내 향(香)	비린내 성(腥)	썩은내 부(腐)
오정	혼(魂)	신(神)	의(意)	백(魄)	지(志)
오사	교육	사업	종교	혁명(革命)	법관(法官)
인생	소년기	청년기	중년기	장년기	노년기
상극	목극토	화극금	토극수	금극목	수극화
상생	목생화	화생토	토생금	금생수	수생목

4. 음양오행학설(陰陽五行學說)의 역사

음양오행학설은 고대동양(古代東洋)의 철학사조로 은주(殷周)시대에 최초형식이 나왔고, 서주(西周)시기에 성행하였으며, 음양학설(陰陽學說)과 오행학설(五行學說)을 포괄한다.

춘추전국시대의 추연(B.C. 305~240)이 음양오행의 순환론과 숙명론을 제창하여 음양오행 학파를 창시하고 "추오덕종시지운(推五德 終始之運)"이라는 학설을 전파하는 등 발전을 거듭하여 자연계의 모든 현상을 설명하는데 널리 이용되었다.

음양오행설은 황제내경을 살펴보면 이미 인체의 생리, 병리, 진단 치료에 상호 융합되어 기초적인 이론의 체계를 형성하는 중요한 학설로 인체의 건강유지 및 질병의 치료에 활용되어 왔음을 알 수 있다. 또한 한대(漢代)의 장중경(張仲景)이 저술한 「상한잡병론(傷寒雜病論)」을 통하여 오장에 오행을 연결시켜 팔강변증(八綱辨證)을 설명하였고 진대, 당대, 송대, 금과 원 시기에 걸쳐서 역대 의가들의 끊임없는 연구와 실천을 통하여 발전되어 왔다. 특히 우리나라는 조선의 허준을 비롯한 이제마 등에 의해 음양오행의 내용을 바탕으로 한 한의학의 기초이론이 체계를 이루었다.

2. 경락(에너지흐름)의 이해

1. 경락(에너지흐름)학설의 정의

경락(에너지흐름)학설(經絡學說)은 인체 경락계통의 생리적 기능과 병리변화 및 장부와의 상호관계를 연구하는 학문이다. 경락(에너지흐름)에서 '경(經)'은 주요간선으로써 세로로 운행되는 경맥(經脈)을 말하며 '낙(絡)'은 망락(網絡)이란 뜻으로 경맥에서 갈라져 나온 가지로서 비교적 가늘고 종횡으로 교차하면서 전신을 순환한다. 따라서 경락(에너지흐름)은 전신의 '기(氣)'와 '혈(血)'을 운행하여 전신을 소통시키고 인체의 모든 부분을 조절하는 통로이다.

2. 경락(에너지흐름)의 작용 및 특성

경락(에너지흐름)은 동양철학에 근거를 둔 동양의학으로 한의학이라고도 하는데, 생명의 유지 및 질병의 유무가 기(氣)의 흐름과 밀접한 관계가 있다고 본다. 즉, 일원론(一元論)인 태극론(太極論)과 이원론(二元論)인 음양론(陰陽論), 다원론(多元論)인 오행론(五行論)에 바탕을 두고 있으며, 서양의학은 과학에 기초를 둔 의학으로 외과적 및 사회과학적으로 예방의학에 탁월한 특징을 갖고 있다.

(1) 경락(에너지흐름)의 작용

① **자동대응작용** : 자율신경 활동의 조화를 정상적으로 조절한다.

- 교감 신경계 – 전신적 동화작용, 활동적 에너지 소비촉진
- 부교감 신경계 – 전신적 동화작용, 활동적 에너지 축적

② **피부보호 작용** : 체표와 심부 깊숙이 순환하여 음양의 에너지 조화를 이루어 피부를 보호한다.

③ **생리적 작용** : 신체 상하(上下)·좌우(左右)·내외(內外)의 순환을 통해 음양의 조화를 이룸으로써 심신의 생리기능 및 자연치유력의 기능을 강화시킨다.

④ **병리적 작용** : 음양의 부조화로 인해 기능이 저하되어 질병을 유발한다.

⑤ **진단기능 작용** : 경혈점(經穴點) 반응을 통해 신체의 증상을 알 수 있어 진단기능에 도움을 준다.

⑥ **청수작용** : 기(氣)의 순한을 원할히게 하여 신체에 영앙공급과 노폐물을 배출한다.

⑦ **대류작용** : 각 장부와의 연계 활동으로 전이(轉移)되어 건강과 질병 현상을 나타내주는 작용을 한다.

(2) 동양의학과 서양의학

동양의학은 내적인 원인을 중요하게 보고 종합적이지만, 서양의학은 외적인 원인을 중요하게 생각하며 분석적이고 세부적으로 분류하여 들어간다.

표 1-4 동양의학과 서양의학의 비교

서양의학	동양의학
과학적	철학적
분석적	종합적
외과적	내과적
기초적	임상적
외적 원인 중시	내적 원인 중시

(3) 기(氣, 에너지)의 이론

기(氣)는 부모로부터 받은 선천적인 기(原氣)와 자연(自然)의 기를 비롯하여 음식물 및 음식물 섭취로 생성되는 후천적인 기로 나눈다.

표 1-5 대체요법으로의 육음

환경에서 오는 기(육음)	몸이 느끼는 증상
풍(風) / 바람기	눈물과 기침이 나고 두통이 있다.
한(寒) / 차가운 기	몸이 춥게 느껴지고 피부에 소름이 돋는다.
서(署) / 더운 기	목이 타고 전신에 힘이 빠진다. 더위를 먹는다.
습(濕) / 습기	관절에 통증을 느끼며 식욕이 없어진다.
조(燥) / 마른 건기	목 안이 타고 콧구멍과 입술이 건조해진다.
열(熱)(=火) / 뜨거운 기	몸에 열이 나며 눈이 충혈된다. 몸의 열로 얼굴이 붉어진다.

이처럼 기의 범주는 다양하게 분류할 수 있는데 자연이 가지고 있는 기, 사람이 가지고 있는 인체의 기, 환경에서 오는 병사의 기(6가지의 기=육음〈六淫〉), 감정의 기, 향기의 기 등이 있다.

3. 경락(에너지흐름)의 구성

표 1-6 경락의 구성

<table>
<tr><th colspan="5">경락의 구성</th></tr>
<tr><td rowspan="20">경락
(經絡)</td><td rowspan="14">경맥
(經脈)</td><td rowspan="12">12경맥
(十二經脈)</td><td rowspan="3">수삼음경(手三陰經)</td><td>수태음폐경(手太陰肺經)</td></tr>
<tr><td>수소음심경(手少陰心經)</td></tr>
<tr><td>수궐음심포경(手厥陰心包經)</td></tr>
<tr><td rowspan="3">수삼양경(手三陽經)</td><td>수태양소장경(手太陽小腸經)</td></tr>
<tr><td>수소양삼초경(手少陽三焦經)</td></tr>
<tr><td>수양명대장경(手陽明大腸經)</td></tr>
<tr><td rowspan="3">족삼음경(足三陰經)</td><td>족태음비경(足太陰脾經)</td></tr>
<tr><td>족소음신경(足少陰腎經)</td></tr>
<tr><td>족궐음간경(足厥陰肝經)</td></tr>
<tr><td rowspan="3">족삼양경(足三陽經)</td><td>족태양방광경(足太陽膀胱經)</td></tr>
<tr><td>족소양담경(足少陽膽經)</td></tr>
<tr><td>족양명위경(足陽明胃經)</td></tr>
<tr><td>기경팔맥
(奇經八脈)</td><td colspan="2">12경맥의 기혈이 넘치면 유입되는 곳</td></tr>
<tr><td>12경별
(十二經別)</td><td colspan="2">12경맥 가운데 별도로 나온 경맥</td></tr>
<tr><td rowspan="4">낙맥
(絡脈)</td><td>15낙맥
(=大絡)</td><td colspan="2">모든 낙맥의 작용을 통솔</td></tr>
<tr><td>손락(孫絡)</td><td colspan="2">피부 위에서 볼 수 있는 낙맥</td></tr>
<tr><td>부락(浮絡)</td><td colspan="2">낙맥에서 다시 갈라진 미세한 낙맥</td></tr>
<tr><td>혈락(血絡)</td><td colspan="2">부락에서 다시 갈라져 피부에 미세하게 노출</td></tr>
<tr><td>십이경근
(十二經筋)</td><td colspan="3">12경맥의 기를 근육과 관절에 연락시키는 체계</td></tr>
<tr><td>십이피부</td><td colspan="3">12경맥의 기능 활동이 체표에 반영되는 피부</td></tr>
</table>

경락(에너지흐름)계통(經絡系統)은 12경맥(十二經脈), 십이낙맥(十二絡脈), 십이경근(十二經筋), 십이피부(十二皮膚)의 4부분으로 구성되어 있는데 경맥은 경락(에너지흐름)의 큰 줄기로서 십이정경(十二政經), 기경팔맥(奇經八脈), 십이경별(十二經別)로 구분한다. 또한 낙맥(絡脈)은 경맥의 분지로 일반적으로 십오낙맥(十五絡脈 : 十五大絡), 낙맥(絡脈), 손락(孫絡), 부락(浮絡), 혈락(血絡)으로 분류한다.

1. 십이경맥 (十二經脈)

십이정경은 기(氣)와 혈(血)이 맥 중에서 전신을 순환할 때 반드시 통과하는 경맥으로 상맥(常脈)이라고 한다. 따라서 경맥은 기와 혈을 운행시켜 음양을 통하게 하고 몸에 영양을 공급하는 경락계통의 주체로서 순행부위와 병후에 따라 질병을 진단하는 근거가 된다. 12경맥은 수삼음경과 수삼양경, 족삼음경과 족삼양경으로 총 12개의 경맥으로 분류된다.

(1) 경락(에너지흐름)의 주행 규칙

① 경락(에너지흐름)은 손을 위로 뻗은 상태에서 모든 양경이 위에서 아래를 향해 흐르고 모든 음경은 아래에서 위를 향해 흐른다.

② 수(手)와 족(足)으로 통하는 모든 양경은 머리 부위와 통한다.

③ 수와 족으로 통하는 모든 음경은 흉부와 복부로 통한다.

④ 수삼양경은 수지 말단에서 머리 부위를 향해 흐르고 수삼음경은 흉중에서 수지 말단으로 흐른다.

⑤ 족삼양경은 머리에서 발가락으로 흐르고, 족삼음경은 발가락에서 흉중으로 흐른다.

⑥ 수삼음경과 수삼양경은 수지 말단에서 접속되고 수삼양경과 족삼양경은 머리 부분에서 접속되며 족삼양경과 족삼음경은 발가락에서 접속되고 족삼음경과 수삼음경은 가슴 부위에서 접속한다.

(2) 경락(에너지흐름)의 순행

표 1-7 12경맥의 유주

구분			
음경(陰經). 육장(六場)의 내부순환		양경(陽經). 육부(六部)의 외부순환	
태음경(太陰經)	수태음 폐경 →	수양명대장경 ↓	양명경(陽明經)
	족태음 비경 ↓	족양명위경 ↲	
소음경(少陰經)	수소음 심경 ↳	수태양소장경 ↓	태양경(太陽經)
	족소음 신경 ↓	족태양방광경 ↲	
궐음경(厥陰經)	수궐음 심포경 ↳	수소양삼초경 ↓	소양경(少陽經)
	족궐 음간경 ←	족소양담경 ↲	

표 1-8 대체요법으로서의 12정경맥의 유주시간

장기	유주시간	특징 및 대체 요법	구분
폐	오전 3시~5시	새벽 맑은 공기를 마시면 폐가 건강해진다.	음
대장	오전 5시~7시	장의 기능이 활발하게 될 때, 물 한 컵을 마신다.	양
위장	오전 7시~9시	위장의 운동이 활발할 때 아침식사를 한다.	양
비장	오전 9시~11시	비장에 에너지가 저장되는 시간, 휴식을 취한다.	음
심장	오전 11시~오후 1시	심(心)이 활동하는 시간이므로 명상, 책읽기 등을 한다.	음
소장	오후 1시~3시	소장에서 영양을 흡수하는 활동을 한다. 격렬한 운동을 하지 않는다.	양
방광	오후 3시~5시	전신에 물(水)의 순환이 활발하게 일어나는 시간, 물을 많이 먹는다.	양
신장	오후 5시~7시	방광과 함께 몸의 노폐물 배출을 돕는 시간, 수분섭취를 충분히 한다.	음
심포	오후 7시~9시	마음이 활발하게 움직이는 시간, 심신의 안정을 도모한다.	음
삼초	오후 9시~11시	림프 순환이 활발하게 일어나는 시간, 신경이 예민해질 수 있다.	양
담낭	오후 11시~오전 1시	쓸개의 활동으로 해독작용 및 소화흡수가 되는 시간, 일을 놓고 몸을 쉬게 한다. 11시에 취침	양
간	오전 1시~3시	간의 활동이 가장 활발한 시간, 야식이나 음주를 하지 않는다.	음

(3) 경혈(經穴, 에너지점)의 개념

경혈(에너지점)이란 인체의 장부경락의 기가 체표의 어느 특정부위에 흐르고 있는 것으로 수혈(腧血)이라고도 한다. 현재 임상적 차원에서의 경혈은 인체의 생리기능과 병리변화가 체표의 어느 특정부위에 나타나는 민감점 및 진찰의 반응점, 지압이나 침구의 자극점 등으로 이해된다.

1) 주요혈

특정한 증후에 대한 특정한 효과가 있는 각 경맥상의 혈을 특징별로 5가지로 구분하여 임상에 적용하거나 응용하고 있다.

① 원혈(原穴)

각 경락에서 삼초의 원기가 가장 많이 나타나는 '자연치유력증가혈'이다. 질병에 대한 면역력을 증가시킬 때 원혈을 취해 삼초의 원기를 도와준다.

② 극혈(隙穴)

급성병에 잘 듣는 혈로 뼈와 뼈 사이 틈새에 기가 응결되거나 또는 혈이 모여 혈락이 나타나는 곳이다.

③ 낙혈(絡穴)

표리관계의 경맥의 질환의 정체를 소통시키며 조절 및 경맥에 따른 허실의 진단혈로 보사를 통한 치료가 가능한 혈로, 특히 만성병에 효과적이다.

④ 모혈(募穴)

경락의 기가 많이 모이는 곳으로 양병의 초기에 발열 및 동통 등이 있을 때 흉·복부에 있는 혈이 응결, 압통 등의 반응이 나타날 때 치료하는 혈이며 미용적 변이의 원인을 진단하는 혈이기도 하다.

⑤ 수혈(腧穴)

배 요부에 위치한 경락노선상의 특정한 부위에서 경기의 반응이 가장 예민하게 나타나는 반응점이다. 장부와 기혈이 연락하여 병리반응이 나타나기 때문에 진단의 중요 반응점이 되므로 경락의 전도작용을 통하여 병리를 개선, 치유하는 데 도움을 준다.

⑥ 팔회혈(八會穴)

혈의 정기가 모여 화합하는 혈이며 기경팔맥과 12경맥의 교회혈로 열병이 안에 있으면 회혈을 취해 치료한다. 팔회혈의 위치와 작용은 다음과 같다.

표 1-9 팔회혈(八回穴)

소속	팔회혈	혈명	주치	내용
비경의 모혈	장	장문	오장	수곡의 기운을 흡수, 공급, 장기 회합혈
위경의 모혈	부	중완	육부	위장, 수곡의 창고 역할
담경의 모혈	근	양릉천	근육	족소양 담경의 근 집결지
담경의 혈	수	현종	골수	인체를 받치고 있는 시작점
방광경의 혈	혈	격수	혈액	혈의 이상을 개선
방광경의 혈	골	대저	뼈와 근육	맥기가 모이는 곳
폐경의 수혈	맥	태연	맥박, 순환기	종기가 모이는 곳
심포의 모혈	기	단종	신경계	종기가 모이는 곳이며 기의 집합처

2) 오수혈(五輸穴＝12경맥에 각각 다섯혈씩 모두 60개의 혈)

오수혈이란 이 작용을 물의 흐름에 비유한다. 경맥에 흐르는 기혈을 물의 흐름에 비유하여 작은 곳에서 솟아나 큰 강물을 이루고 얕은 곳에서 깊은 곳으로 흐름과 같이 경기의 출입과 흐름 또한 부위의 깊이에 따라 서로 다른 작용을 한다고 한다.

① 정(井) : 샘이 솟아 용천한다.(장에 병이 있을 때 치료혈)
② 형(滎) : 샘물이 흘러 고이다.
③ 유(俞) : 샘물을 유출시키기 위한 파문이다.
④ 경(經) : 샘물이 흘러 맥기가 유주하다.(음병에 취하면 좋다)
⑤ 합(合) : 맥기가 크다.(주관절, 슬관절 부근에 위치하며 위에 병이 있을 경우 치료혈)

오수혈은 사지의 말단에서 시작하여 팔꿈치와 무릎관절을 향하는 방향으로 차례로 배열된 것이다.

(4) 취혈(取穴)

취혈은 경혈의 위치를 얼마나 정확히 찾는가의 유무가 치료효과를 좌우한다. 따라서 정확한 취혈을 위해서는 환자의 체위 또는 병증에 따라 부위가 다소 차이가 나므로 하나의 경혈을 취할 때 전, 후, 좌, 우에 있는 경혈과의 위치관계에 유의해야 한다.

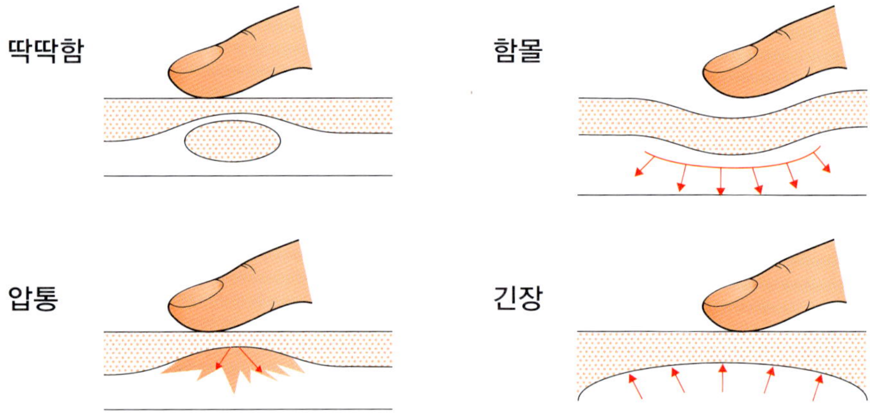

그림 1-2 경혈(에너지점)의 반응점

1) 골도법(骨度法)

체표해부의 두 개의 관절간의 골표지를 기준점으로 그 사이의 길이를 등분하는 것을 골도법이라 한다.

① **두부(頭部)** : 전발제~후발제 12촌

② **경부(頸部)** : 목길이(직촌, 천돌에서 4촌). 목넓이(횡촌, 양족 인영혈 사이 3촌)

③ **흉복부(胸腹部)** : 액와 중앙~늑골끝(직촌, 극천~장문 12촌), 양쪽 유두 사이(횡촌, 8촌)

④ **요배부(腰背部)** : 등길이(직촌, 대추~장강 30촌), 어깨넓이(횡촌, 척추~어깨 끝 8촌)

⑤ **상지(上肢)** : 상완길이(직촌, 어깨~팔꿈치 17촌)

⑥ **하지(下肢)** : 대퇴외측 길이(직촌, 음릉천~내과첨 13촌), 발바닥 길이(횡촌, 12촌)

2) 수지동신촌 취혈법(手指同身寸)

지촌 취혈법이라고도 하며 임상취혈의 편법의 하나이다. 실제 취혈 시 시술자가 아닌 환자의 손가락 폭이 기준임을 유념해야 한다.

① **일부법(一扶法)** : 검지에서 소지까지를 모은, 즉 네 손가락의 합친 넓이를 일부(一扶)라 하며 3촌으로 한다.

② **3지(3指)동신촌** : 검지에서 약지까지를 모아 세 손가락의 끝마디를 2촌으로 한다.

③ **중지(中指)동신촌** : 모지와 중지를 맞대어 고리를 만들고 중지의 안쪽에 생긴 양 횡문의 폭을 1촌으로 한다.

④ **모지 동신촌(母指 同身村)** : 모지 첫마디를 1촌으로 한다.

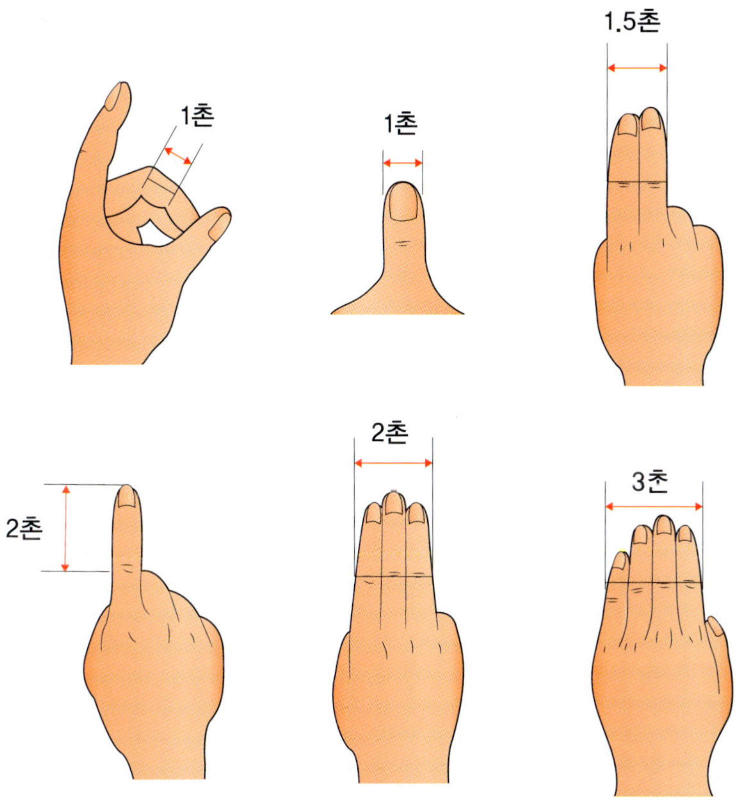

그림 1-3 동신촌법(지촌법)

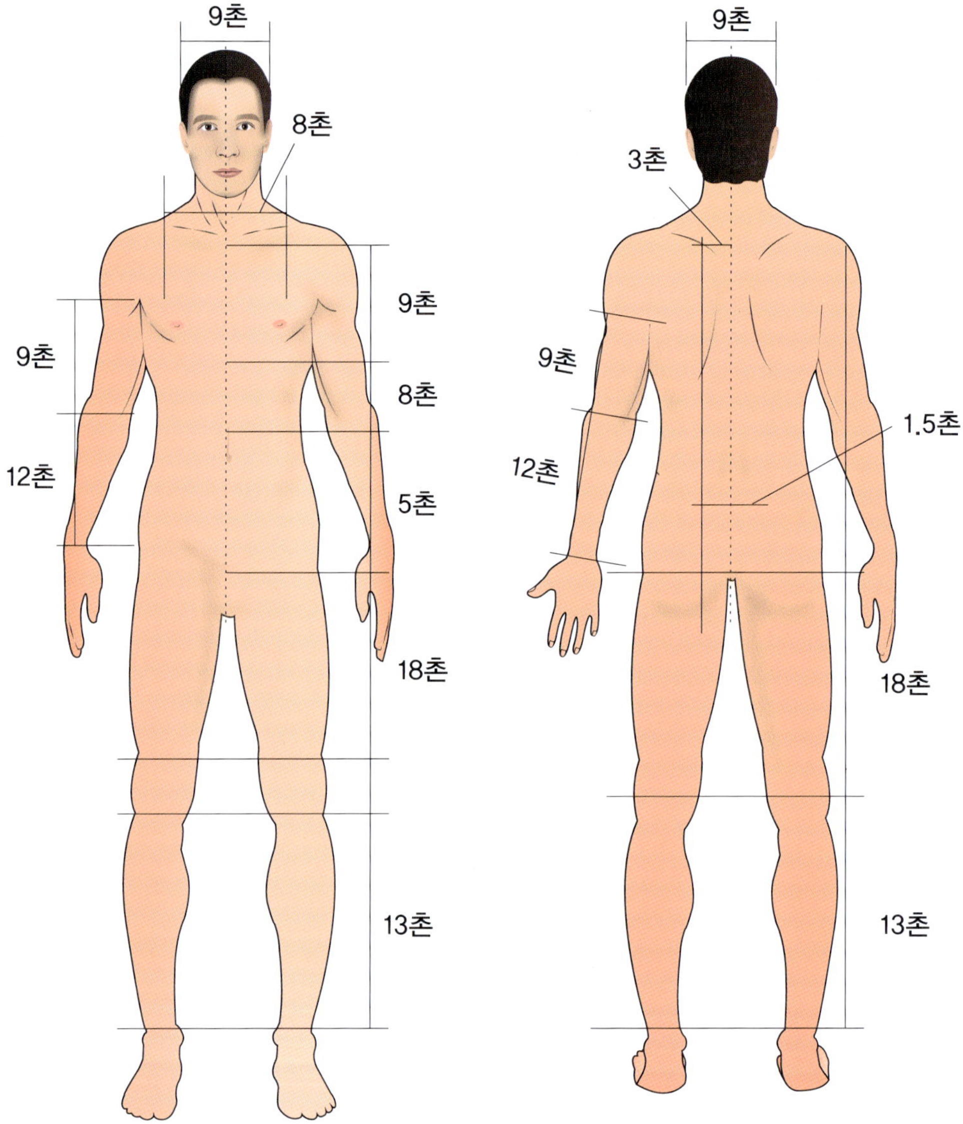

그림 1-4 신체 부위에 따른 골도법(전면/후면)

(5) 지압(에너지포인트점 누르기)

손가락을 주로 사용하여 감각기능을 자극하는 방법으로 맨손 요법을 의미한다. 동양의 맨손요법을 대표해 온 안마(按摩)의 '안'은 누른 채 멈춘다는 뜻이고 '마'는 손을 움직여 마찰한다는 뜻이다. 즉, 안은 정과 음의 수법이고 마는 동과 양의 수법으로서 인체의 음양을 조화롭게 한다.

① **지압**(에너지포인트점 누르기)**의 효과**

지압(에너지포인트점 누르기)의 효과는 경락이론에 근거해 지압하면 내장의 기능을 조절할 수 있어 질병의 개선 및 치료효과를 얻을 수 있다.

② **보사**(補瀉)**의 원리**

같은 치료를 해도 대상과 방법에 따라 효과가 다르므로 보사는 환자의 체질, 질병의 증상, 허와 실에 따라 적절하게 마사지 또는 지압을 적용하여 치유한다.

표 1-10 보사의 적용

	원인 및 증세	방향	압의 적용
보법	내적 원인, 만성적인 병. 정기가 허함	경락유주의 정방향	약하게
사법	외적 원인, 급성적인 병. 사기가 실함	경락의 역방향	강하게

(6) 사진법(四診法)

① **망진**(望診) **-** 보면서

눈으로 보고 진단하는 방법으로 몸의 상태와 안색을 보고 어느 장부(腸腑)에 문제가 있는지를 관찰한다.

② **문진**(問診) **-** 물으면서

질문을 함으로써 진단하는 방법이다.

③ **문진**(聞診) **-** 들으면서

귀로 목소리를 들어 진단한다.(언어, 음성, 호흡, 기침소리)

④ 절진(切診) – 만지면서

뭉친 근육, 수혈 등을 손으로 만지거나 눌러보고 세밀히 관찰하여 문제점을 파악한다.

※ 위와 같은 사진법에 통해 인체의 문제점을 파악한 후 카드를 작성하고 인체의 근원적 관리가 경락임을 설명하여 고객의 상태에 적합한 관리를 한다.

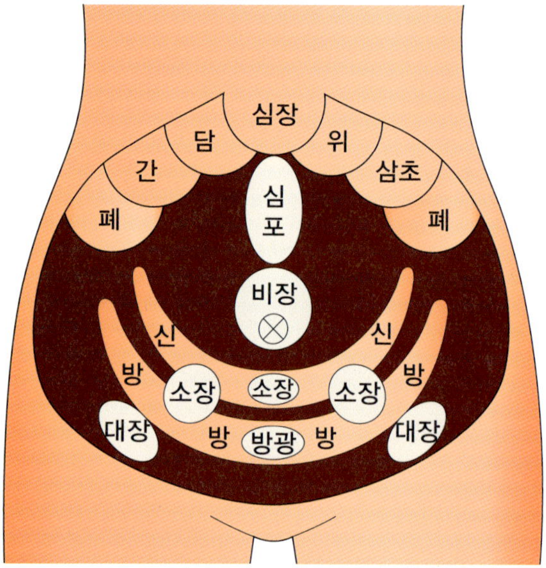

그림 1–5 복진법

(7) 질병을 진단하는 8가지 증세(팔강변증, 八綱辨證)

① 음(陰)과 양(陽)

열이 상승하면 얼굴색이 붉어지고 눈이 뻣뻣하며 눈곱이 낀다. 소양은 동적이고 도전적이며 급성의 문제가 많고 열이 많다. 음은 수동적이고 조용하고 냉하다. 병이 들면 위급하다.

② 허(虛)와 실(實)

실할 때는 사해 주고 허함은 보하는 것을 원칙으로 한다. 허는 인체의 기혈이 소통되지 않으며 정기가 부족한 상태이다. 실함은 정기(精氣)가 왕성한 것이 아니라 사기(邪氣)가 성한 것을 말하며 건강하다는 의미이기도 하다.

③ 한(寒)과 열(熱)

열증은 변의 양이 적고 진하며 한증은 체온이 하강하면 손발이 차고, 추위를 잘 타며, 소변이 연하고, 양이 많다는 것을 의미한다. 특히 한증이 심한 경우에는 비만을 초래하는 경우가 많다.

④ 표리(表裏)

표(表)는 인체 표면의 얕은 부위로 피부, 기육, 경락 등을 말한다. 즉, 표면을 통해 환경적 외부 요인이 인체 내로 침입하여 병증을 일으키는 것을 표증이라고 한다.

리(裏)는 표와 상대적인 것으로 병의 발병부위가 인체 내부에 깊이 있는 증세를 말한다. 다시 말해서 표증(表症)이 진행되어 장부까지 이르는 것을 이증(裏症)이라고 한다.

2. 기경팔맥(寄經八脈)

오장육부(五臟六腑)에 연관되지 않고 표리관계(表裏關係)를 이루지 않으며 대부분 십이경맥에서 갈라져 나온 큰 지맥으로 십이경맥에 구애받지 않는 별도기행이라 하여 기경(寄經)이라고 한다. 인체의 기혈(氣血)은 항상 십이경맥을 순행하다가 모든 경이 가득 차서 넘치면 기경으로 유입된다.

기경에는 팔맥이 있는데 임맥(任脈), 독맥督脈), 양유맥(陽維脈), 음유맥(陰維脈, 양교맥(陽蹻脈), 음교맥(陰蹻脈), 대맥(帶脈)으로 구분하며 대맥을 제외하고는 모두 아래에서 위로 흐른다.

(1) 독맥(督脈)

인체의 뒷면인 정중선을 순행하며 임맥과 교회하며, 양경의 기혈을 통솔하고 감독하며 신에 속하고 뇌와 척수를 자양하고 정신활동에 관여한다.

유주(流注) : 회음부-척추-백회-은교

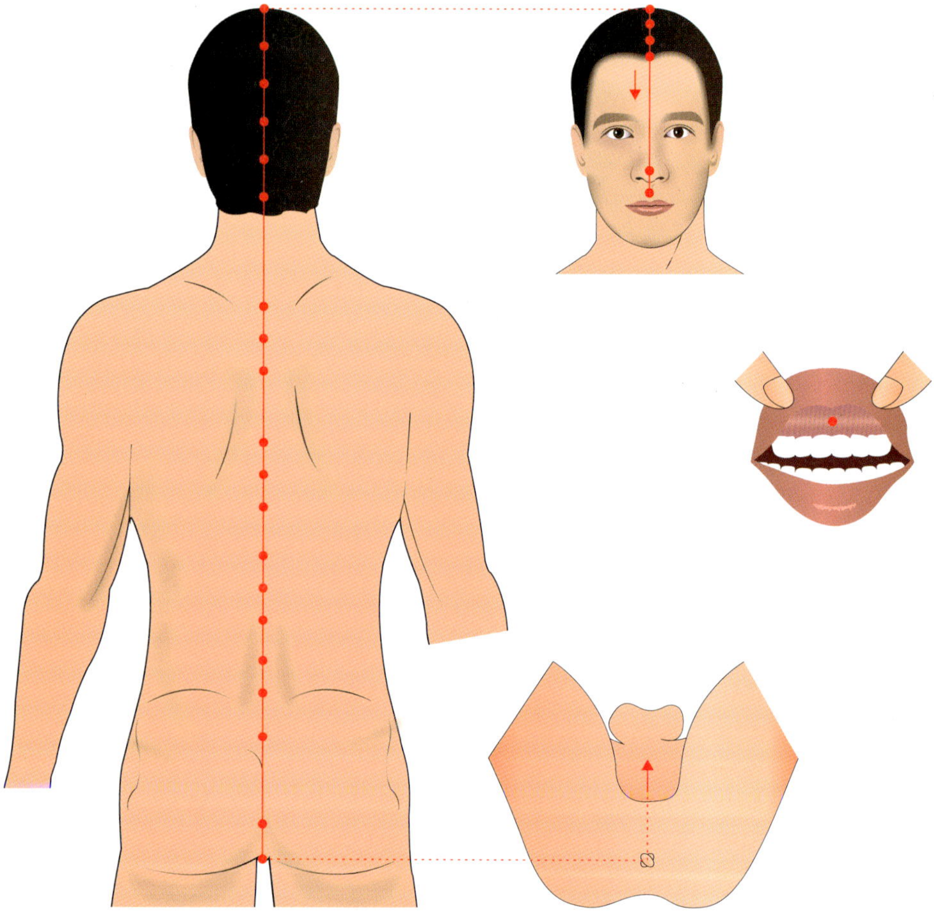

(2) 임맥(任脈)

임맥은 인체의 앞면인 정중선을 순행하며 독맥과 교회하며, 모든 음경의 총체가 되며 생식과 성장, 발육에 중요한 역할을 감당하며 임신을 주관한다.

유주(流注) : 회음부-흉복부-인후-승장

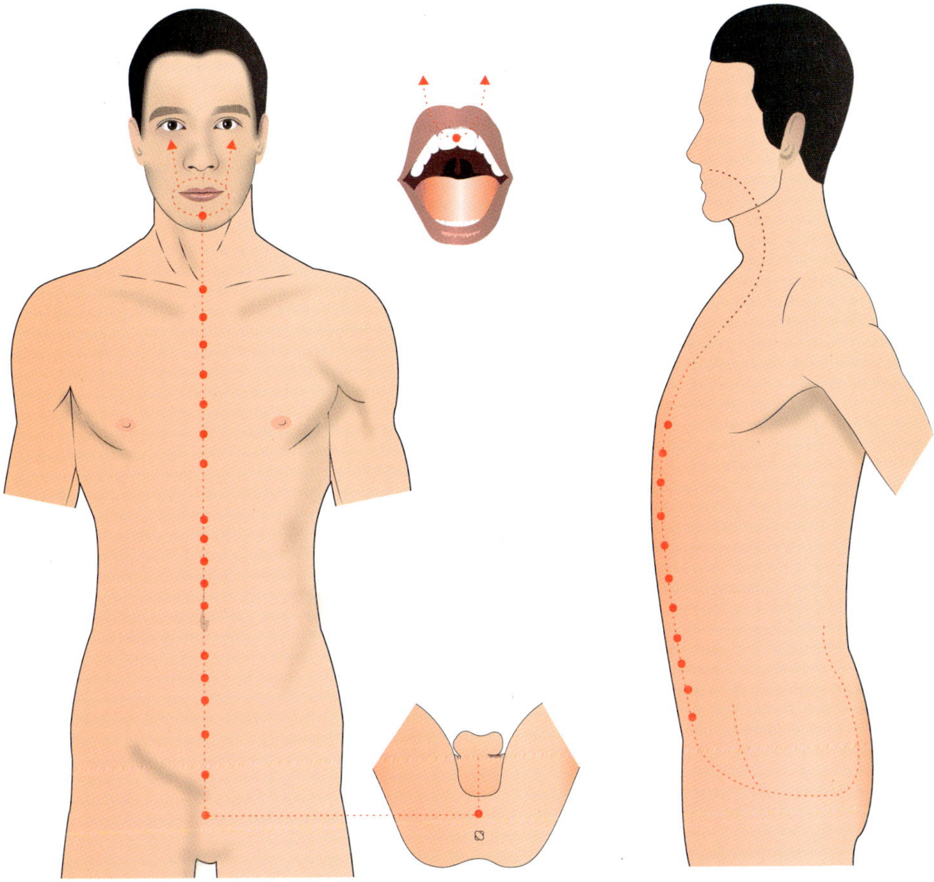

(3) 충맥(衝脈)

12경맥의 요충지가 되며 모든 맥의 해(海)가 되고 예를 들면 여성의 월경과 관계 깊은 혈해와 관계 있으며 생식을 주관한다.

유주(流注) : 회음부–기충–흉부(신맥)–인후(기사)–구순(임맥)–대퇴부–삼음교–공손(비경)

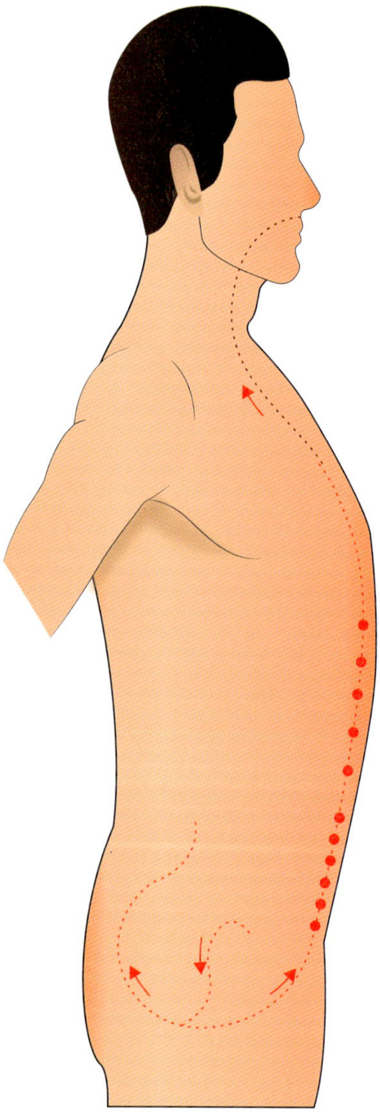

(4) 대맥(帶脈)

다른 7개의 기경맥(奇經脈)을 연결하며 포태를 견고하게 하고, 요와 복부의 경맥을 횡으로 연결하여 묶어준다.

유주(流注) : 창문(간경)–태백–오추–유도(담경)

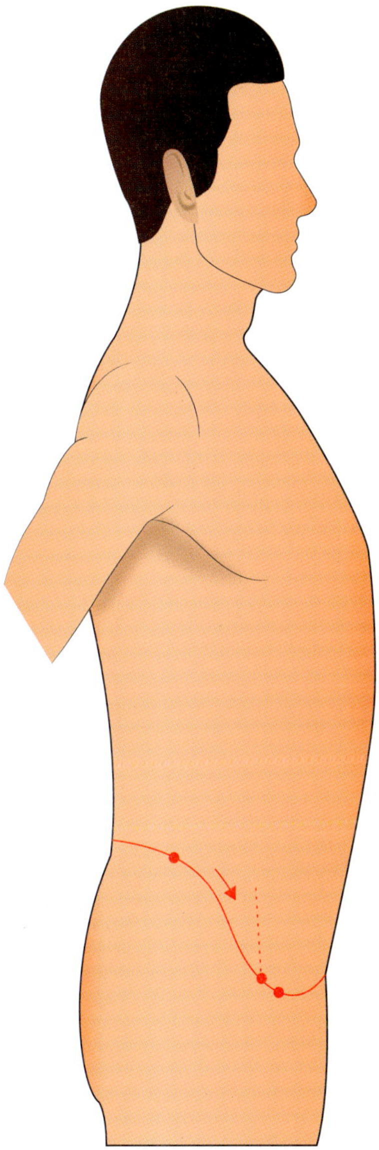

(5) 양교맥(陽蹺脈)

방광경의 별맥으로 양을 순환시키는데, 양이 많으면 불면증이 온다.

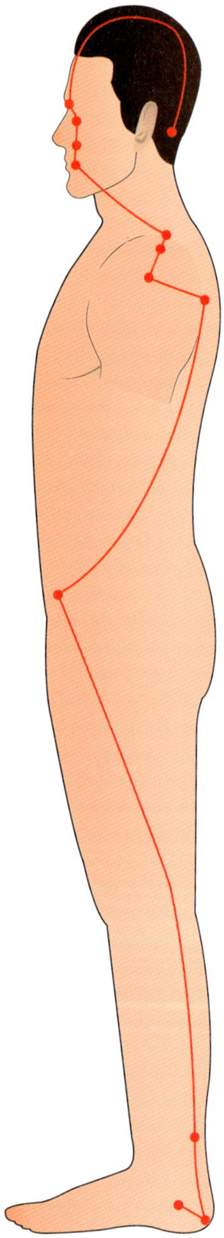

(6) 음교맥(陰蹺脈)

신경의 별맥으로 음을 순환시키며 음이 많으면 잠이 많다.

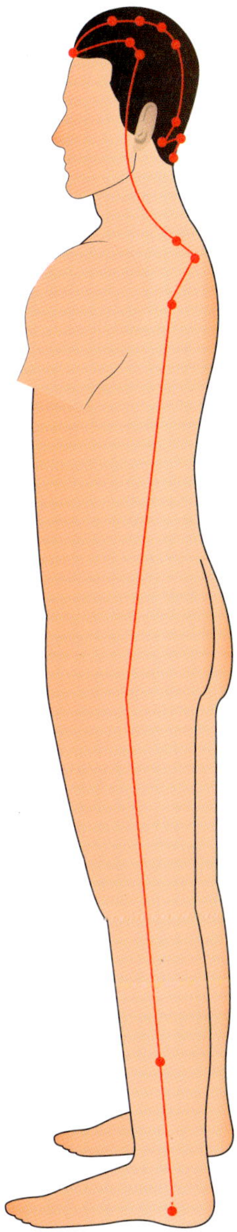

(7) 양유맥(陽維脈)

위기와 관련 있고 표를 주관하여 양적인 기능 유지와 수, 족의 삼양경을 연결한다.

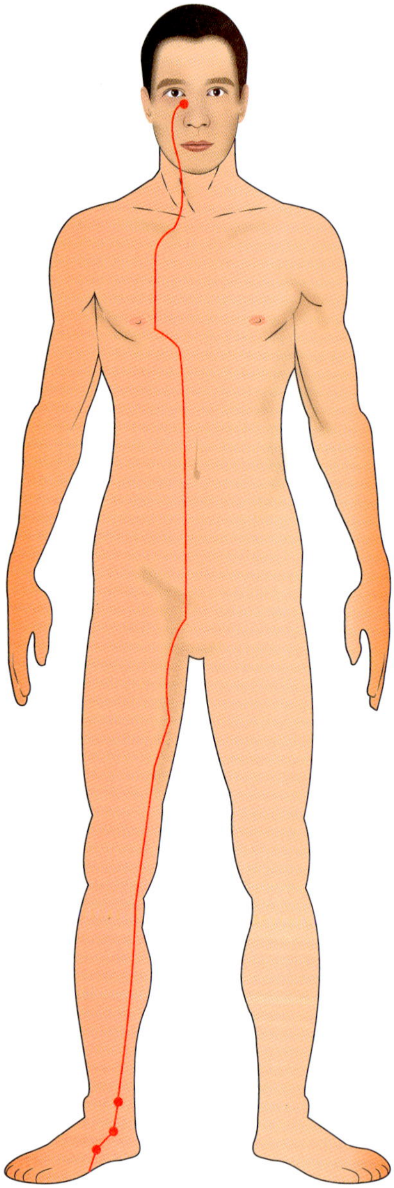

(8) 음유맥(陰維脈)

영기와 관계하여 음유맥이 병들면 춥고 정신적으로 병이 된다. 수족의 삼음경을 연결한다. 심모경이 주치경이다.

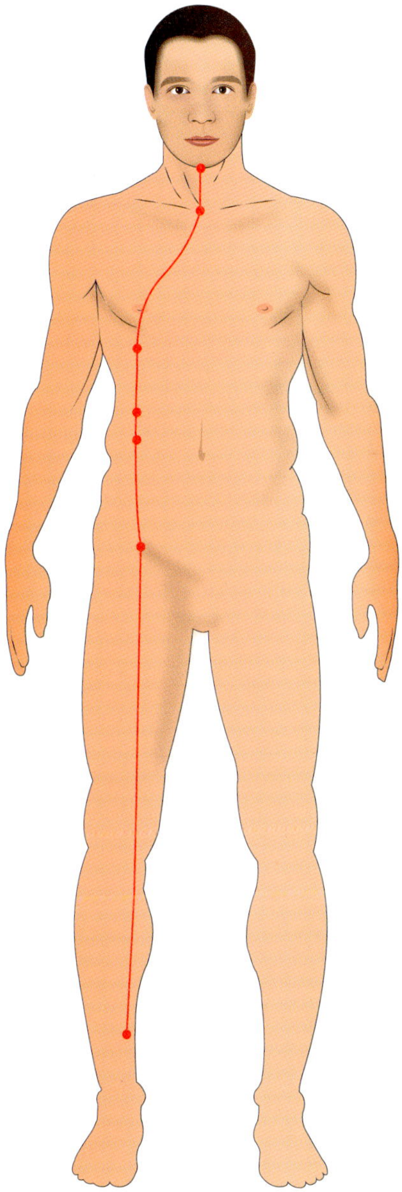

3. 경락계통의 생리 및 병리적 작용

(1) 경락의 생리적 기능

경락은 기혈이 운행되는 통로로서 주로 표리, 상하, 좌우를 소통시키고 장부 및 기관을 연결하며 기혈을 운행하여 장부조직에 영양을 공급하고 감각반응을 전달하여 인체 각 부분의 기능을 조절한다.

① 표리·상하를 소통시키고 장부 및 기관을 이어준다.

② 기혈을 운행시키고 장부조직에 영양을 공급한다.

③ 감각반응을 전도한다.

④ 기능의 평형을 조절한다.

(2) 경락의 병리적 작용

경락계통은 정상적인 생리적 상황에서 기혈을 운행시키고 감각반응을 전도하는 작용을 하지만, 병변(病變)이 발생한 경우 병사(病邪)를 전파하고 병변을 반영하는 통로가 된다.

① 병사를 전파하는 통로가 된다.

경락의 기능 활동이 정상이면 외사의 침입을 막아 질병을 예방하나 경락의 기능이 실조되면 장과 부는 경맥을 통해 연결되므로 외부의 사기가 침투되어 질병을 초래한다.

② 병변을 반영한다.

경락은 외사침투 시 감각반응 전도를 통해 장부의 병변을 상응하는 반사구인 오관구규(五官九竅) 통해 표출한다.(예 : 간화 → 눈이 충혈, 붓고 아픔. 심화 → 혀끝이 붉고 통증)

4. 낙맥(絡脈)

낙맥(絡脈)은 경맥의 분지로 일반적으로 십오락맥(十五絡脈 : 十五大絡), 낙맥(絡脈), 손락(孫絡), 부락(浮絡), 혈락(血絡)으로 분류한다.

① 십오락맥(十五絡脈)

십오락맥은 락맥의 주체가 되므로 일반적으로 십오대락맥(十五大絡脈)이라 부른다.

십이경맥은 모두 하나의 낙맥을 갖고있고 기경에서 두 개의 낙맥으로 독맥과 임맥의 2가닥을 비롯하여 비경맥의 대락 1가닥을 합해서 모두 15가닥을 십오락맥이라고 부른다.

② 낙맥(絡脈)

경맥과 십오대락에서 갈라져 가로로 산포된 맥을 낙맥이라 한다.

③ 손락맥(孫絡脈)

손락맥은 낙맥에서 갈라진 가느다란 작은 지맥이다.

④ 부락맥(浮絡脈)

손락맥에서 갈라져서 체표에 떠올라 나타나는 것을 부락맥이라고 한다.

⑤ 혈락맥(血絡脈)

부락맥에서 피부에 노출된 가늘고 작은 낙맥을 혈락맥이라 하며, 모세혈관을 말한다.

5. 십이경근(十二經筋)

십이경근(十二經筋)이란 십이경맥과 여기서 분지하는 낙맥을 흐르는 기혈이 공급되는 근육조직의 범위를 뜻한다. 경근에는 기육(肌肉), 근건(筋腱), 근막(筋膜), 인대(靭帶) 등을 포함한다. 경근은 경맥의 氣가 "결(結), 취(聚), 산(散), 낙(絡)한 근육을 의미하며, 나아가 경맥에 연속된 근육계통이라고 할 수 있다.

각각의 근육은 반드시 경맥 기혈의 유양(濡養)작용을 받게 되며, 십이경맥의 조절을 받음과 동시에 전신의 근육은 경맥의 순행경로에 근거하여 나누어지게 된다. 이런 경근의 기능은 주로 사지와 모든 뼈를 연결하고 관절운동을 주관하는 것이다.

6. 십이피부(十二皮膚)

피부는 체표의 피부를 경락의 분포 부위에 근거하여 분류한 것으로 「소문피부론(素問皮部論)」에서 "피부는 낙맥이 속하는 부위이다."고 했다. 십이경맥 및 그에 속하는 낙맥은 체표에 일정하게 분포되어 있고 전신의 피부도 열두 부분으로 나뉘는데 이를 '십이피부' 라고 한다.

따라서 한의학에서는 십이피부를 보고 외사가 침입한 경락의 기점을 파악할 수 있으며 피부에 있는 색깔과 상태를 보고 경락 상 발생하는 질병을 진단하는 기준으로 삼았다.

4. 14 정경맥(十四 正經脈)

14 정경맥은 12개의 경맥인 수3양경(手三陽經)·수3음경(手三陰經)·족3양경(足三陽經)·족3음경(足三陰經)과 임맥(任脈)·독맥(督脈)이 있다.

1. 경락(에너지흐름)과 장부

인체 내에서 세로로 흐르는 12개의 경맥은 몸 안의 오장과 육부의 조직기관에 연결되어 유입되고 순환한다. 음의 성질을 가진 장기를 음경맥, 양의 성질을 가진 장기를 양경맥이라고 한다.

임맥은 몸통 앞면 정중앙에 흐르고, 독맥은 몸통의 뒷면 정중앙에 흐른다.

심포는 심장을 싸고있는 막이라 하여 심포(心包)라 하고, 눈에는 보이지 않는다.

삼초(三焦)는 상초, 중초, 하초로 나눈다.

삼초는 림프를 일컫는 말로 상체에 흐르는 림프를 상초(上焦), 복부에 흐르는 림프를 중초(中焦), 하체에 흐르는 림프를 하초(下焦)라고 한다.

표 1-11 음의 장기와 양의 장기

오장(음의 장기)	간	심장	비장	폐	신장	심포
음경맥	간경	심경	비경	폐경	신경	심포경
육부(양의 장기)	담	소장	위	위	방광	삼초
양경맥	담경	소장	위경	위경	방광경	삼초경

(1) 수태음폐경(手太陰肺經)

폐(肺)는 가슴 속에 위치하며 폐기를 코로 통하게 하여 호흡을 다스리고 전신의 기를 주관하며 밖으로는 피부와 모발을 다스린다. 폐경은 대장경(大腸經)과 이어져 서로 표리를 이루므로 폐경을 다스리면 대장이 조절되고 대장경을 다스리면 폐경이 조절된다.

주치 : 인후, 가슴, 폐 등 호흡기 질환

① 수태음폐경의 소속 경혈(시혈 : 중부, 종혈, 소상), 11혈 ×2

- 경혈 : 중부, 운문, 천부, 협백, 척택, 공최, 열결, 경거, 태연, 어제, 소상
- 오행배속 특징 : 금(金)에 속하고 추(秋)기와 통하며, 인시(오전 3~5시)에 속한다. 대장과 표리관계이다.

② 수태음폐경의 유주순서

제2늑골 아래 중부혈에서 시작하여 대장에서 횡경막을 거쳐 폐장에 소속된다. 다시 기관을 따라서 겨드랑이의 천부혈을 지나 상완 안쪽을 흘러 수소음경과 수궐음경의 두 경맥 앞을 거쳐 엄지손톱 아래 소상혈(少商穴)로 흘러간다.

표 1-12 수태음폐경의 혈위와 주치

순번	경혈명 (經穴名)	혈 위 (穴 位)	주 치 (主 治)
1	중부 (中府) *모혈	흉부 정중선 양방 6촌에서 쇄골아래 1.6촌	효능 : 기관지염, 천식, 폐창만, 견배통 미용 : 안면부종, 여드름
2	운문 (雲門)	흉부 정중선 양방 6촌에서 쇄골 바로 아래 함몰처	효능 : 흉통, 가슴이 답답함, 기관지염, 천식, 기침, 어깨통증 미용 : 민감성피부, 알러지성피부, 가슴탄력저하, 여드름
3	천부 (天府)	전액과 횡문두 아래 3촌의 상완이두근의 외측연	효능 : 코피, 천식, 류머티즘, 견비통, 뇌출혈, 요골신경통, 호흡기 질환 미용 : 피부무력증
4	협백 (俠白)	전액과 횡분두 아래 4촌 상완이두근의 외측연	효능 : 기관지염, 천식, 각혈, 심계항진, 기침, 호흡기질환, 류머티즘, 심장질환, 요골신경통 미용 : 여드름, 민감성피부, 가슴탄력저하, 알레르기성 피부질환
5	척택 (尺澤) *합혈	주횡문 중앙과 요측 끝을 이은 선의 중간	효능 : 기관지염, 천식 각혈, 인후종통, 주관절내측동통, 대장질환, 피부질환, 치질 미용 : 검버섯, 색소침착, 팔의 비만
6	공최 (孔最) *극혈	척택혈에서 태연혈 방향으로 3촌되는 지점	효능 : 기침, 천식, 각혈, 폐염, 편도선염, 요골신경통, 치질, 팔꿈치관절통 미용 : 승모근 경직으로 인한 비만
7	열결 (列缺) *낙혈	손목 횡문 위로 1.5촌 요골동맥 응수처	효능 : 편도선염, 호흡기질환, 심장질환, 팔꿈치 통증, 정신질환, 배뇨곤란, 안면신경마비
8	경거 (經渠) *경혈	손목위로 1촌	효능 : 기침, 천식, 호흡기질환, 손목통증,구토, 요통, 오한, 발열, 편도선염,인후종통, 식도경련, 코피, 목이 뻣뻣할 때, 구안와사(口眼喎斜) 미용 : 노화피부, 건성피부, 각질탈락현상
9	태연 (太淵) *원혈	엄지손가락 쪽 손목이 접히는 부분	효능 : 두통, 천식, 각혈, 흉통, 손목통증, 변비, 설사, 순환기 질환, 기부족 호흡기 질환, 어깨통증, 만성피로 미용 : 여드름, 민감성피부

10	어제 (魚際)	손바닥 모지구 중앙 제1지골	효능 : 기침, 천식, 각혈, 인후종통, 변비, 엄지손가락통증, 코질환, 피부질환 미용 : 여드름, 피지분비과다, 손상모발, 복합성 피부, 복부비만
11	소상 (少商) *정혈	엄지손톱 근부 요측 1분처	효능 : 해수, 기침, 감기, 뇌출혈, 황달, 발열, 인후염이 심할 때 사혈 미용 : 여드름, 얼굴부종, 열에 민감한 피부

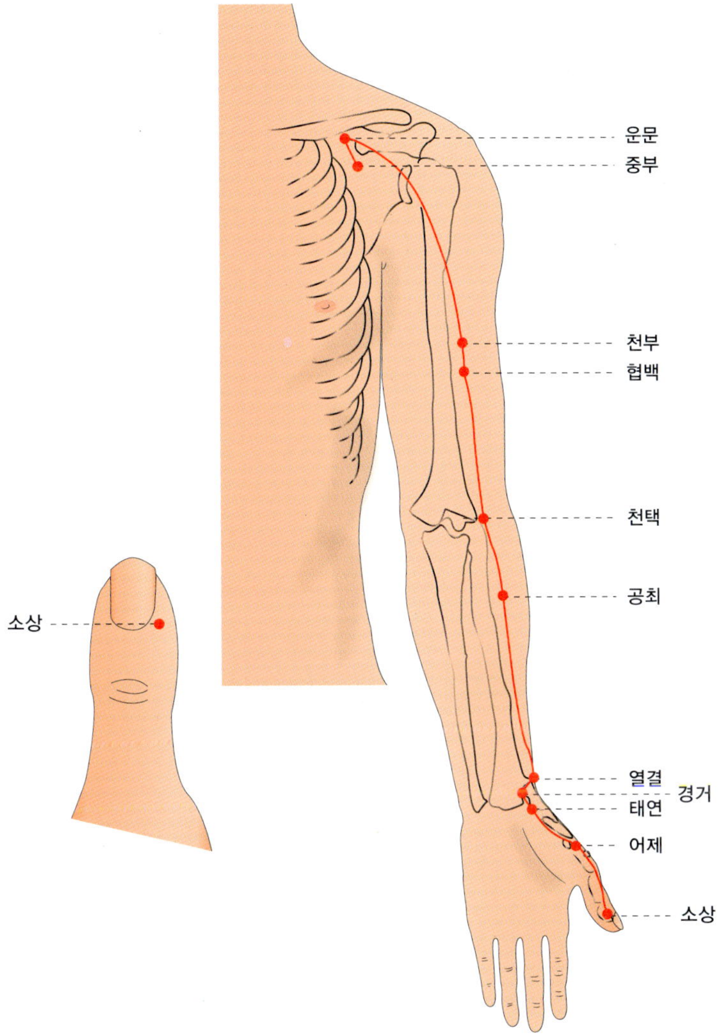

그림 1-6 수태음폐경(手太陰肺經)

(2) 수양명대장경(手陽明大腸經)

수양명대장경은 인체의 배설기능과 소화기능을 주관하고 폐경과 이어져 서로 표리를 이루므로 대장경을 다스리면 폐경이 조절되고 폐경을 다스리면 대장경이 조절된다.

주치 : 머리, 눈, 얼굴, 귀, 코, 입, 이, 인후부의 질환, 열성 질환

① 수양명대장경의 소속 경혈(시혈 : 상양 – 종혈 : 영향), 20혈 ×2

- 경혈 : 상양, 이간, 삼간, 합곡, 양계, 편력. 온류, 하렴, 상렴, 수삼리, 곡지, 주료, 수오리, 비노, 견우, 거골, 천정, 부돌, 화료, 영향
- 오행배속 특징 : 금(金)에 속하고 추기(秋氣)와 통하며, 묘시(오전 5~7시)에 속함. 폐와 표리관계를 이룸

② 대장경의 유주순서

두 번째 손가락 손톱 안쪽 모서리의 상양(商陽)에서 시작하여 원혈인 합곡혈(合谷穴)에서 위로 나와 양계혈을 따라 팔꿈치 외측 곡지혈(曲池穴)로 들어간다. 상완 앞쪽 가장자리를 따라 어깨로 올라가 견우혈(肩髃穴) 앞쪽을 거쳐 나왔다가 다시 대추혈(大椎穴)에 모여 결분혈에 들어가 폐를 지나 횡격막 아래로 내려가 대장에 속한다. 결분혈에서 한 가지는 목으로 올라가 뺨을 거쳐 치아 속으로 들어갔다가 양쪽 콧망울 영향혈로 흐른다.

표 1-13 수양명대장경의 혈위와 주치

순번	경혈명 (經穴名)	혈 위 (穴 位)	주 치 (主 治)
1	상양 (商陽) *정혈	검지손톱 근부 요측 모서리	효능 : 발열, 인후종통, 혼미, 치통, 변비, 뇌출혈, 눈병, 편도선염, 천식, 손가락 저림, 체증, 중풍, 고열 미용 : 기미, 턱주변 여드름, 열에 의한 건조피부
2	이간 (二間)	검지를 굽혔을 때 제1지골과 제2지골이 접히는 요측 함몰처	효능 : 두통, 코피, 치통, 눈다래끼, 체증, 소화불량, 요통, 중풍, 발열, 견갑통, 인후종통, 안면신경마비 미용 : 목주름 개선, 목비만, 볼의 부기

3	삼간 (三間)	검지 기절골과 중수골의 사이	효능 : 구취, 치통, 편도선염, 변비, 발열 인후종통, 신경통 미용 : 안면 주름개선, 여드름, 거친피부
4	합곡 (合谷) *원혈	엄지와 검지가 갈라지는 함몰처	효능 : 감기, 기침, 눈병, 코피, 비염, 신경성 질병, 구완와사, 청각장애, 언어장애, 중풍, 시력부족, 대장의 원기조절, 오관질환, 혈압조절, 스트레스성변비 미용 : 탈모, 주름개선, 부종, 여드름, 색소침착, 피부윤택
5	양계 (陽谿)	엄지 손가락을 쫙 폈을 때 손등과 손목의 경계선의 함몰처	효능 : 두통, 치통, 인후종통, 소화불량, 이명, 눈병, 견갑통, 장염, 중풍, 수족마비, 눈충혈, 안면신경마비 미용 : 여드름
6	편력 (偏歷) *낙혈	양계혈 위 1촌	효능 : 편도선염, 인후통, 안면신경마비, 소변불리, 코피, 엄지손가락마비 미용 : 안면경직으로 인한 비만
7	온유 (溫溜) *극혈	양계혈 위 5촌	효능 : 얼굴부종, 두통, 인후종통, 입안이 헐었을 때, 잇몸질환, 치통, 대장경의 통증 미용 : 얼굴부종, 목주름개선, 피부처짐
8	하렴 (下廉)	곡지혈 아래 4촌	효능 : 두통, 현기증, 복통, 설사, 늑막염, 기관지염 미용 : 볼의 피부가 예민할 때, 하복부 경직에 의한 비만
9	상렴 (上廉)	곡지혈 아래 3촌	효능 : 전신이 아플 때, 두통, 반신불수, 천식, 중풍, 복통, 팔저림 미용 : 팔의 외측 비만
10	수삼리 (手三里)	곡지혈 아래 2촌	효능 : 뇌빈혈, 뇌출혈, 견비통, 축농증, 치통, 복통, 설사, 소화불량, 대장질환, 궤양성질환, 상지마비, 위와 장의 통증 미용 : 난지성여드름에 효과적인 뜸처
11	곡지 (曲池) *합혈	팔을 구부렸을 때 요측 함몰	효능 : 뇌출혈, 치통, 반신불수, 눈, 코, 입의 질환, 알레르기 질환, 습진, 고혈압, 어깨통증 미용 : 여드름, 색소침착, 기미 탈모
12	주료 (肘髎)	팔을 직각으로 굽힐 때 곡지혈 뒤쪽으로 1.5촌	효능 : 팔의 통증, 저림증, 경련, 마비, 관절염, 견비통
13	수오리 (手五里)	곡지혈 위로 3촌	효능 : 폐렴, 전신이 아플 때, 림프결핵, 복막염, 팔꿈치 관절염, 팔의 통증 미용 : 안면홍조

14	비노 (臂臑)	견우혈 아래 3촌	효능 : 뇌졸중으로 인한 편마비, 오십견, 상지마비, 안구동통, 눈의 질환, 액와림프 부종 미용 : 팔의 지방분해 및 소름피부
15	견우 (肩髃)	팔을 수평으로 들어 올린 상태에서 어깨끝 양골사이 함몰처	효능 : 뇌졸중으로 인한 편마비, 고혈압, 두통, 치통, 장통, 견비통, 팔마비, 어깨통증, 비염 미용 : 상완비만, 피부병, 염증성여드름
16	거골 (巨骨)	쇄골과 견갑극의 연결점	효능 : 견비통, 중풍, 폐 · 대장 · 간 · 신장 질환, 얼굴질환, 림프절염, 팔이 안 굽혀질 때 미용 : 얼굴질환
17	천정 (天鼎)	부돌혈 아래 1촌	효능 : 고혈압, 인후염, 기침, 가래, 이하선염, 천식, 설곤근 마비, 쉰 목
18	부돌 (扶突)	후두골 돌기 옆 흉쇄유돌근의 정중앙	효능 : 기침, 천식, 인후종통, 이하선염, 고혈압, 하치통, 혈압항진, 연주창
19	화료 (禾髎)	수구혈의 양방 5분처	효능 : 코피, 코막힘, 코 질환, 의식혼미, 구치병, 안면신경마비, 상치통 미용 : 탈모, 코주변의 여드름 및 모세혈관 확장
20	영향 (迎香)	콧망울의 양 옆	효능 : 코질환, 코피, 냄새를 못 맡을 때, 콧물, 코막힘, 축농증 미용 : 주름개선, 피부윤기부여, 탈모

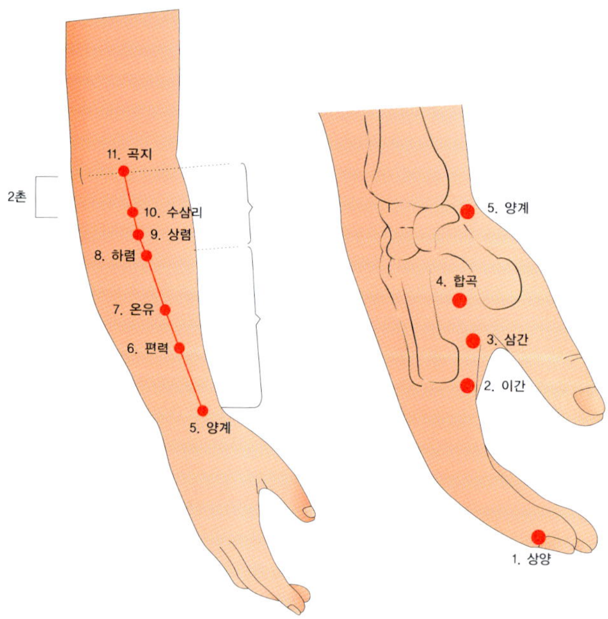

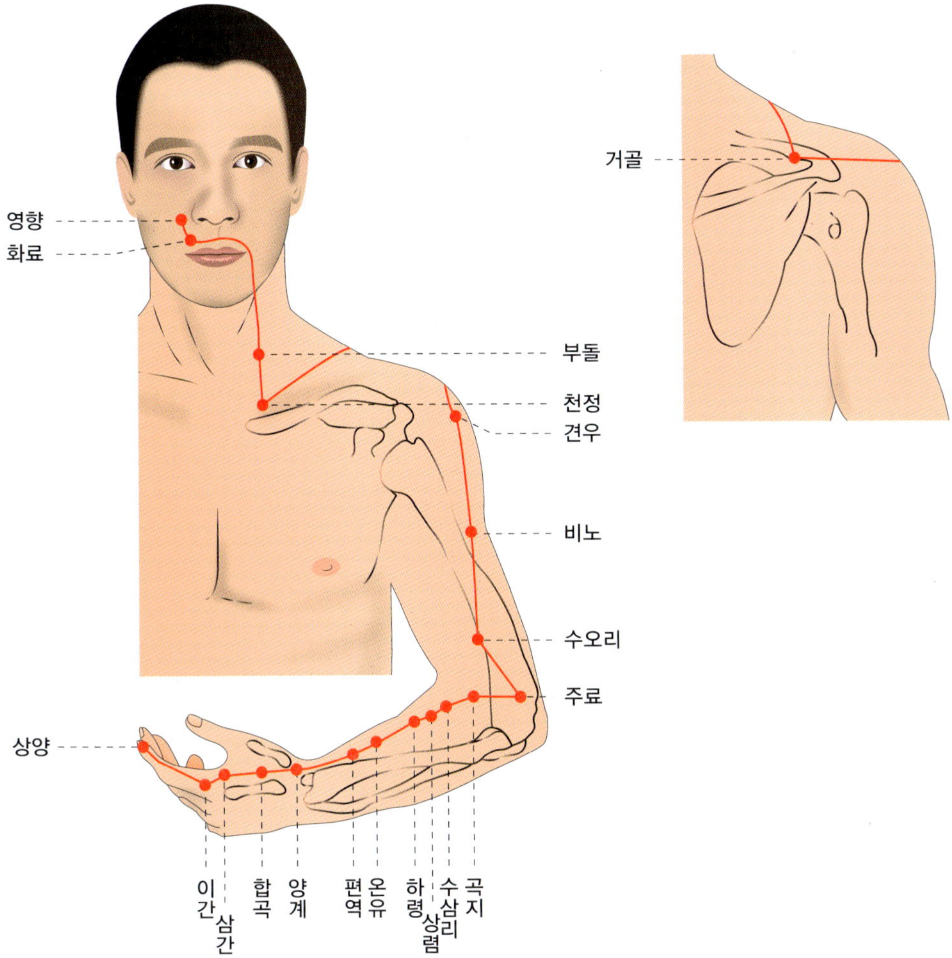

그림 1-7 수양명대장경(手陽明大腸經)

(3) 족양명위경(足陽明胃經)

위경은 비경과 표리관계를 이루며 음식물을 받아들여 소화시켜 인체의 생명활동 유지에 필요한 기초 에너지를 생성시키는 중요한 소화기관이다. 위경에 이상이 생기면 사지에 힘이 없고 쉽게 피로를 느끼며 안면신경마비, 위장병, 두통, 치통, 탈모 등이 발생할 수 있다.

주치 : 머리, 얼굴, 코, 입, 이, 인후부의 질환. 정신병, 위장병, 열성질환 등

① 위경의 소속경혈(시혈 : 승읍 – 종혈 : 여태), 45혈 ×2

- 경혈 : 승읍, 사백, 거료, 지창, 대영, 협차, 하관, 두유, 인영, 수돌, 기사, 결분, 기호, 고방, 옥예, 응창, 유중, 유근, 불용, 승만, 양문, 관문, 태을, 활육문, 천추, 외릉, 대거, 수도, 귀래, 기충, 비관, 복토, 음시, 양구, 독비, 족삼리, 상거허, 조구, 하거허, 풍륭, 해계, 충양, 함곡, 내정, 여태
- 오행배속 특징 : 토에 속하고 늦여름(長夏)에 속하며, 진시(辰時, 오전 7~9시)에 속하며 비장과 표리관계이다.

② 위경의 유주순서

얼굴의 눈 아래서 시작하여 얼굴 앞면을 지나 가슴과 하복부를 거쳐서 대퇴부 무릎에서 정강이 외측으로 내려와 발등을 거쳐 두 번째 발가락 내측 여태혈(厲兌穴)로 흐른다. 이때 정강이 외측 족삼리에서 갈라져 나온 분지와 엄지발가락 모서리 은백혈(隱白穴)에서 만난다.

표 1–14 족양명위경의 혈위와 주치

순번	경혈명 (經穴名)	혈 위 (穴 位)	주 치 (主 治)
1	승읍 (承泣)	눈동자 정중앙 아래 7분처	효능 : 야맹증, 구완와사, 눈물과다, 모든 눈질환 미용 : 눈 밑 주름 및 처짐개선
2	사백 (四白)	눈동자 정중앙 아래 1촌	효능 : 구완와사, 삼차신경통, 두통, 안구 충혈, 눈, 코질환, 안검경련, 현훈, 축농증 미용 : 얼굴부종, 색소침착, 주름개선, 눈을 맑게, 피부윤택
3	거료 (巨髎)	눈동자아래 수직으로 내려가다 콧망울 양옆 협골아래와 만나는 곳	효능 : 구완와사, 축농증, 비염, 치통, 코피, 안면신경마비, 안검경련, 수족마비, 입술 · 뺨의 부종, 녹내장각막염, 삼차신경통 미용 : 볼의 처짐 방지, 혈색을 좋게 함
4	지창 (地倉)	다문 입의 양 입술의 끝	효능 : 입이 비뚤어졌을 때, 구완와사, 입술경련, 구내염, 발목염좌, 안검경련, 침흘림 미용 : 피부윤택, 입가 처짐 방지, 입 주위 주름 개선, 안면부종
5	대영 (大迎)	지창아래 하악골 우측전 1.3촌	효능 : 입 비뚤어짐, 입술경련, 구완와사, 이를 갈 때, 치통, 안면신경마비, 안면경련, 협통 미용 : 볼처짐 방지, 이중턱제거

6	협거 (頰車)	저작 시 교근이 높이 두드러진 곳	효능 : 입 비뚤어짐, 볼거리, 쉰 목소리, 하치통, 안면신경마비, 악관절질환 미용 : 이중턱제거, 얼굴부종, 얼굴 주름개선, 여드름, 목선지방제거
7	하관 (下關)	위턱뼈와 아래턱뼈의 함몰처	효능 : 안면신경마비, 이명, 구안와사, 코질환, 청각장애, 삼차신경통, 이통 잇몸염증, 턱의 탈골 미용 : 여드름, 미백, 주근깨, 주름개선, 기미, 얼굴부종
8	두유 (頭維)	신정 양방 4.5촌	효능 : 뇌출혈, 두통, 눈병, 안검경련, 편두통, 어지럼증, 미용 : 푸석한 피부, 여드름
9	인영 (人迎)	후두융기 양방 1.5촌	효능 : 인후염, 기침, 고혈압, 류머티즘, 편도선염, 폐출혈, 갑상선 질환 미용 : 목주름개선, 목 쉰데
10	수돌 (水突)	인영혈과 기사혈의 연결선의 중심점	효능 : 인후염, 기침, 천식, 갑상선질환, 편도선염, 기관지염 미용 : 목의 부기
11	기사 (氣舍)	천돌혈 양방1.5촌	효능 : 인후염, 기침, 천식, 구역질, 경부림프선 결핵, 목이 아플 때 미용 : 안면부종, 목주름개선
12	결분 (缺盆)	천돌혈 양방 4촌에서 쇄골상연 어깨쪽 함몰처	효능 : 인후염, 기관지천식, 기침, 늑막염, 늑간 신경통, 목과 어깨통증 미용 : 난치성 여드름, 어깨비만
13	기호 (氣戶)	쇄골 아래 1촌과 유두선상으로 올라와 맞닿은 곳	효능 : 기침, 천식 구역질, 만성기관지염, 딸꾹질, 백일기침 미용 : 홍조성 여드름
14	고방 (庫房)	쇄골하연, 제1늑간극에 해당	효능 : 기침, 기관지염, 천식, 뇌출혈, 호흡곤란, 가슴이 답답함 미용 : 각질제거, 모공확장피부
15	옥예 (屋翳)	고방 아래 제2늑간극	효능 : 유방통증, 기침, 천식, 늑간신경통, 가슴이 답답함 미용 : 안면근육경직, 예민피부
16	응창 (膺窓)	제3 늑간극	효능 : 기관지천식, 기침, 늑막염, 폐출혈 유방통증, 옆구리통증
17	유중 (乳中)	젖꼭지 중앙	효능 : 유방질환, 여성의 생리기능과 성기능을 도움 미용 : 유방의 위축 및 비대 조절

18	유근 (乳根)	유방 아래 제5늑간극	효능 : 젖부족, 유방동통, 기침, 천식, 구역질, 흉통 미용 : 유즙분비 이상으로 오는 유방의 위축 및 비대 조절
19	불용 (不容)	명치아래 좌, 우 2촌	효능 : 위산과다, 위통, 식욕부진, 위경련 미용 : 소화장애 및 불면증에 의한 상체 비만
20	승만 (承滿)	상완혈 양방 2촌, 배꼽위 5촌	효능 : 위통, 식욕부진, 토혈, 소화불량, 만성위염
21	양문 (梁門)	중완혈 양방 2촌, 배꼽위 4촌	효능 : 신경성위염, 위통, 식용부진, 설사, 복부팽만, 복창 미용 : 상복부 처짐, 비만, 군살제거
22	관문 (關門)	배꼽 위 3촌, 건리 양방 2촌	효능 : 설사, 수종, 급성위염, 식욕부진 미용 : 수종, 복부부종
23	태을 (太乙)	배꼽 위 2촌, 임맥에서 양방 2촌	효능 : 가슴이 답답함, 정신병, 위통 미용 : 상복부비만, 복부처짐
24	활육문 (滑肉門)	배꼽 위 양방 1촌	효능 : 정신병, 위통, 구토, 대장질환, 소장질환, 급, 만성 신장염 미용 : 건성피부, 허리살 제거
25	천추 (天樞) *모혈	배꼽 양방 2촌	효능 : 소화불량, 심장마비, 변비, 설사, 구토, 간질환, 급·만성위염, 수족마비, 자궁내막염, 장염 미용 : 피부윤택, 여드름, 아토피피부염,여드름, 하복부 군살, 부종, 비만
26	외릉 (外陵)	배꼽 아래 1촌	효능 : 생리통, 산기, 복통, 생리불순 미용 : 냉증으로 인한 하체 및 하지비만
27	대거 (大巨)	배꼽 아래 2촌	효능 : 배뇨곤란, 산기, 만성맹장염, 설사 미용 : 하복부 비만, 엉덩이 비만
28	수도 (水道)	배꼽 아래 3촌, 양방 2촌	효능 : 방광염, 신장염, 고환염, 불면증, 산기 배뇨곤란 미용 : 블랙해드 및 턱주변 여드름
29	귀래 (歸來)	배꼽 아래 4촌, 양방 2촌	효능 : 복통, 산기, 생리불순 탈장, 자궁 탈출증, 남성발기부전 미용 : 서혜림프절 이상으로 인한 대퇴부 비만
30	기충 (氣衝)	임맥상 곡골혈 양방 2촌	효능 : 수족냉증, 불임증, 변비, 생식기질환, 고환염, 자궁내막염, 산기 미용 : 복부 및 대퇴부 비만
31	비관 (髀關)	슬개골의 상연 위 12촌, 임맥선상	효능 : 슬관절염, 요통, 복통, 위증, 다리 및 둔부와 복부 통증, 가래톳, 다리 저릴 때 미용 : 대퇴부경직으로 인한 대퇴부 비만

32	복토 (伏兎)	슬개골의 상연 위 6촌	효능 : 다리냉증, 하지마비, 산기 요통, 반신불수, 다리 저릴 때 미용 : 대퇴부경직으로 인한 대퇴부 비만
33	음시 (陰市)	슬개골의 상연 위 3촌	효능 : 무릎통증, 굴신불리, 산기, 요통, 다리에 힘이 없을 때, 무릎이 시릴 때 미용 : 복합성피부
34	양구 (梁丘) *극혈	슬개골의 상외측 2촌	효능 : 유통, 위통, 하지불수, 혈뇨, 위염,중풍, 반신불수, 소화기 이상, 설사, 변비, 무릎통증 미용 : 군살제거, 비만, 피부윤택
35	독비 (犢鼻)	외슬안의 하연, 슬개골과 경골의 사이	효능 : 무릎통증, 하지마비 굴신불리, 무릎관절염, 류머티즘 미용 : 대퇴부 내측 비만
36	족삼리 (足三里) *합혈	무릎외측 아래 3촌	효능 : 무릎통증, 하지마비 굴신불리, 무릎관절염, 류머티즘 미용 : 대퇴부 내측 비만
37	상거허 (上巨虛)	족삼리혈 아래 3촌	효능 : 정신질환, 소화기질환, 하지마비, 대장질환, 복통, 수족무력증 미용 : 하퇴부 비만
38	조구 (條口)	상렴혈과 하렴혈의 중간	효능 : 견비통, 하지마비, 무릎통증, 급 · 만성 장염, 다리시림과 저림, 발의 열증 및 냉증
39	하거허 (下巨虛)	독비혈 아래 9촌 경골	효능 : 급 · 만성 장염,설사, 요통, 이질, 소장질환, 다리마비, 다리 저릴 때 미용 : 턱주변 여드름
40	풍륭 (豊隆)	조구혈 옆 1촌	효능 : 기침, 두통, 해수, 천식, 요통, 설사, 정신질환, 변비, 어지럼증, 소화기질환, 소아마비, 구토, 울혈 미용 : 안면부종, 색소침착, 비만, 변비, 군살제거
41	해계 (解谿)	복사뼈와 일직선이 되는 가로 방향의 발등과 발목관절의 틈새	효능 : 안면부종, 두통, 어지럼증, 변비, 하지마비, 소화기계통질환, 정력부족, 류머티즘관절염, 비복근의 경련, 관절염 미용 : 부종, 군살제거, 안면부종, 눈꺼풀 처짐
42	충양 (衝陽) *원혈	제2중족골과 제3중족골 사이	효능 : 안면신경마비, 안면부종, 치통,정신질환, 위장질환, 구안와사, 치통, 이통 미용 : 안면부종, 발의 부종
43	함곡 (陷谷)	충양 아래 둘째 발가락이 접히는 곳	효능 : 배가 가스찰 때, 열병, 안면부종, 족배종통, 소화불량, 두통, 변비, 치통, 발목동통, 결막염, 히스테리 미용 : 안면부종, 눈가부종, 눈꺼풀처짐

44	내정 (內庭)	발등의 둘째, 셋째 발가락사이의 갈라진 부분에 위치	효능 : 코피, 복통, 치통, 인후염, 위통, 복창, 이질, 변비, 열병, 소화불량, 두통, 체증, 삼차신경통, 편도선염, 위염, 구완와사 미용 : 안면경련
45	여태 (厲兌) *정혈	둘째 발가락 발톱 외측 약 0.1촌	효능 : 신경쇠약, 정신질환, 불면, 인후염, 소화불량, 복통, 유방질환, 무릎관절통, 뇌빈혈, 편도선염, 코피 미용 : 얼굴피부 처짐, 안면부종, 입술주변습진

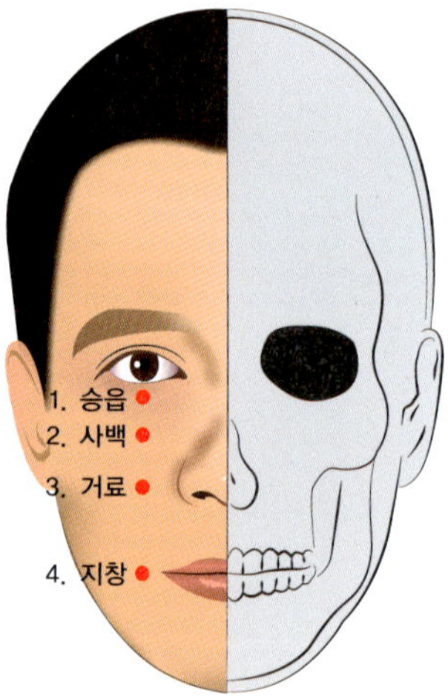

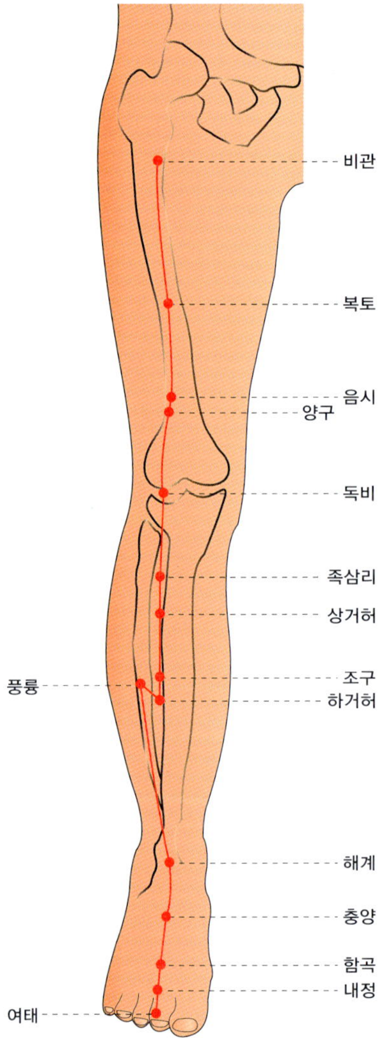

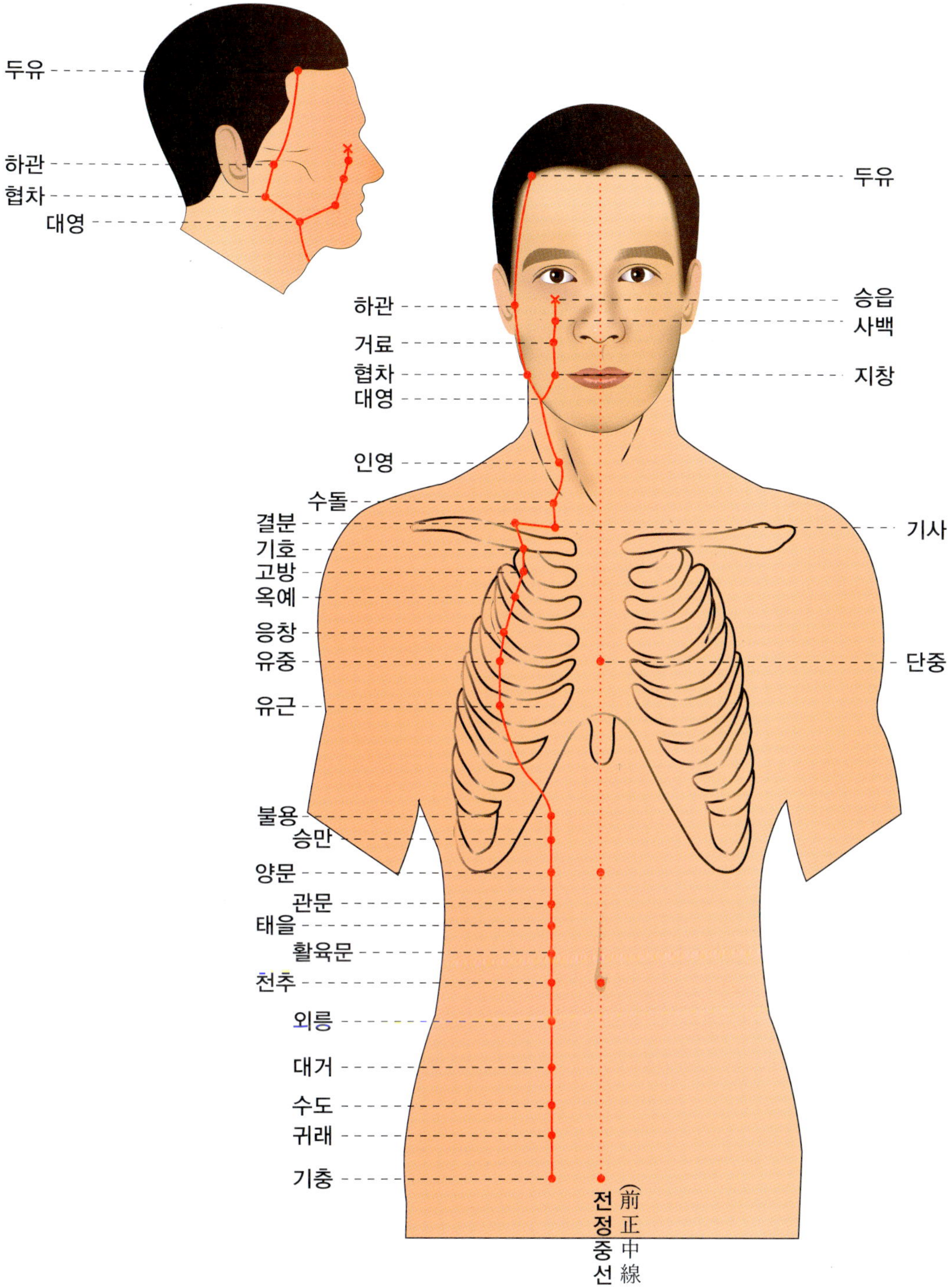

그림 1-8 족양명위경(足陽明胃經)

(4) 족태음비경(足太陰卑經)

비경은 위경과 표리관계이며, 음식물에서 얻은 영양물질을 전신의 각부로 운반하는 등 소화기 전체를 주관한다.

주치 : 위장질환, 임신, 비뇨기계 관련 질환

① 비경의 소속경혈(시혈 : 은백 – 종혈 : 대포), 21혈 ×2

- 경혈 : 은백, 대도, 태백, 공손, 상구, 삼음교, 누곡, 지기, 음릉천, 혈해, 기문, 충문, 부사, 복결, 대횡, 복애, 식두, 천계, 흉향, 주영, 대포
- 오행배속 특징 : 토(土)에 속하고 늦여름(長夏)에 속하며, 사시(巳時, 오전 9~11시)에 속하며 위장과 표리관계이다.

② 비경의 유주순서

엄지발가락 안쪽 모서리 은백혈(隱白穴)에서 시작하여 복사뼈를 거쳐 위경의 외측으로 올라가 흉부에서 겨드랑이 안쪽으로 흐른다.

표 1-15 족태음비경의 혈위와 주치

순번	경혈명 (經穴名)	혈 위 (穴 位)	주 치 (主 治)
1	은백 (隱白)	엄지발가락 내측 발톱1분처	효능 : 비 · 위장질환, 복통, 설사, 변비, 식중독, 정신질환, 소아경기, 빈혈, 하지냉증, 잔 꿈을 많이 꿈, 월경과다, 월경불순, 다리마비 미용 : 복부비만, 눈밑 처짐
2	대도 (大都)	엄지발가락 기절골 마디 앞쪽	효능 : 복창, 식욕부진, 관절염, 횡격막경련, 통풍, 위통, 복통, 설사, 변비 미용 : 사지의 부종으로 인한 비만
3	태백 (太白)	엄지발가락 기절골 마디 위쪽	효능 : 복창, 치루, 관절염, 위통, 복통, 설사, 변비 미용 : 변비로 인한 복부비만
4	공손 (公孫)	제1중족골 옆 피부경계선 사이	효능 : 위통, 복통, 설사, 변비 미용 : 수분으로 인한 비만, 기미 잡티, 비듬
5	상구 (商丘)	공손위 발등이 접히는 곳	효능 : 위통, 복통, 설사, 위하수, 변비, 요통, 황달, 배뇨곤란, 당뇨, 췌장질환, 빈혈, 의식혼미, 각기, 폐결핵 미용 : 발목부위 비만, 하지 부종

6	삼음교 (三陰交)	안쪽 복사뼈 위 3촌	효능 : 월경불순, 자궁질환, 대하, 불임,소변불리, 복수, 복막염, 유정, 설사, 유뇨, 하지마비 습진, 복부팽만, 출혈, 탈장, 불면증, 발기부전, 비뇨생식기 질환 미용 : 비듬, 기미, 탈모, 비만, 안면색소침착, 노화예방, 눈꺼풀 처짐
7	누곡 (漏谷)	삼음교혈의 위쪽 3촌	효능 : 유정, 하지마비, 복창, 수족통증,신경통, 복통, 월경불순, 요통, 생식기 질환, 신허증, 요로감염
8	지기 (地機) *극혈	안쪽 복사뼈 위로 8촌 경골후연	효능 : 설사, 복통, 수종, 배뇨곤란, 당뇨, 생리통, 유정 미용 : 둔부처짐 방지
9	음릉천 (陰陵泉) *합혈	지기혈의 바로 위 경골과 비골 사이	효능 : 황달, 생리불순, 소변불리, 만성설사, 수종, 배뇨곤란, 월경불순, 슬관절염, 자궁질환, 복부냉증, 부종, 수종 미용 : 부종, 수종
10	혈해 (血海)	슬개골 내측 상연 위 2촌	효능 : 생리불순 ,자궁출혈, 피부염, 습진,단독, 붕루, 건선, 두드러기, 냉대하, 아토피 피부염 미용 : 하체비만, 기미, 여드름, 탈모, 색소침착, 부종
11	기문 (箕門)	슬개골 내측 상연 직상으로 9촌, 혈해혈 위 6촌	효능 : 신경쇠약, 각기병, 요실금, 배뇨곤란, 미용 : 허와 습에 의한 비만
12	충문 (衝門)	치골결합부위 상연의 중점에서 4촌	효능 : 자궁출혈, 대하, 복통, 산기, 고관절통, 하지마비, 생식기질환, 산통, 뇨폐, 자궁내막염 미용 : 대퇴부 비만
13	부사 (府舍)	중극양방4촌, 충문혈 외상방 0.7촌	효능 : 산통, 맹장염, 산기, 복통, 근육이 모여 뭉친 곳 미용 : 복부비만
14	복결 (腹結))	음교혈 양방 4촌, 부사혈 위 3촌	효능 : 설사, 산기 복통, 옆구리 통증, 복막염, 위장염 미용 : 복부비만
15	대횡 (大橫)	배꼽 위 양방 4촌	효능 : 복통, 설사, 변비, 췌장, 당뇨병, 요통, 위장, 간, 신장질환, 월경불순, 장 마비, 생리불순, 복부팽만 미용 : 군살제거, 복부비만

16	복애 (腹哀)	배꼽 위 건리혈 양방 4촌	효능 : 소화불량, 복통, 변비, 이질, 췌장질환, 복부질환, 십이지장 질환, 담낭, 위냉증 미용 : 상복부비만
17	식두 (食竇)	제5늑간근 앞면 정중선 방향 양방 6촌	효능 : 흉협창통, 수종, 복창, 암 미용 : 수종
18	천계 (天谿)	제4늑간근 앞면 정중선 방향 양방 6촌	효능 : 기침, 흉협동통, 유통, 유즙소분비
19	흉향 (胸鄕)	제3늑간근 앞면 정중선 방향 양방 6촌	효능 : 늑막염, 늑간신경통, 가슴 답답함 미용 : 가슴과 하지 비대
20	주영 (周榮)	제2늑간근 앞면 정중선 방향 양방 6촌	효능 : 흉협창만, 기침, 기관지염, 늑막염 미용 : 예민 및 건성피부
21	대포 (大包)	겨드랑이 직하 6촌, 액중선에서 제6늑간근	효능 : 천식, 늑간신경통, 폐렴, 전신이 무겁고 쑤실 때, 사지무력증 미용 : 변비로 인한 피부 트러블

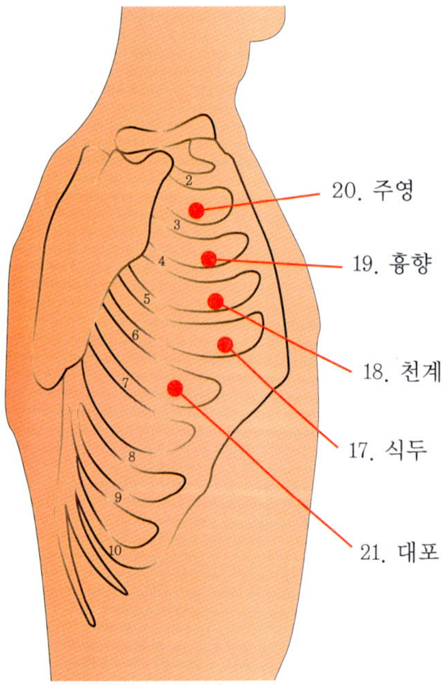

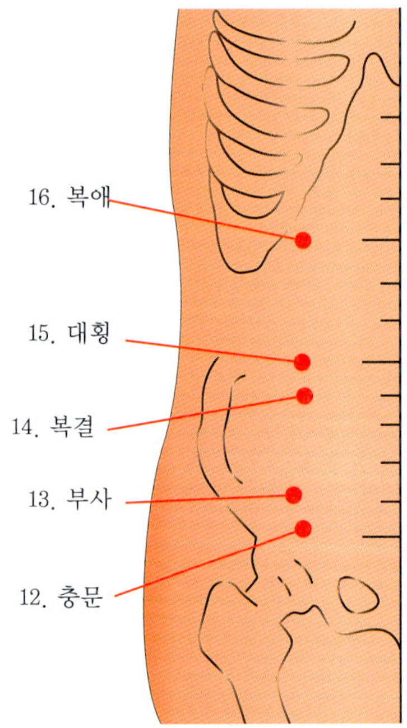

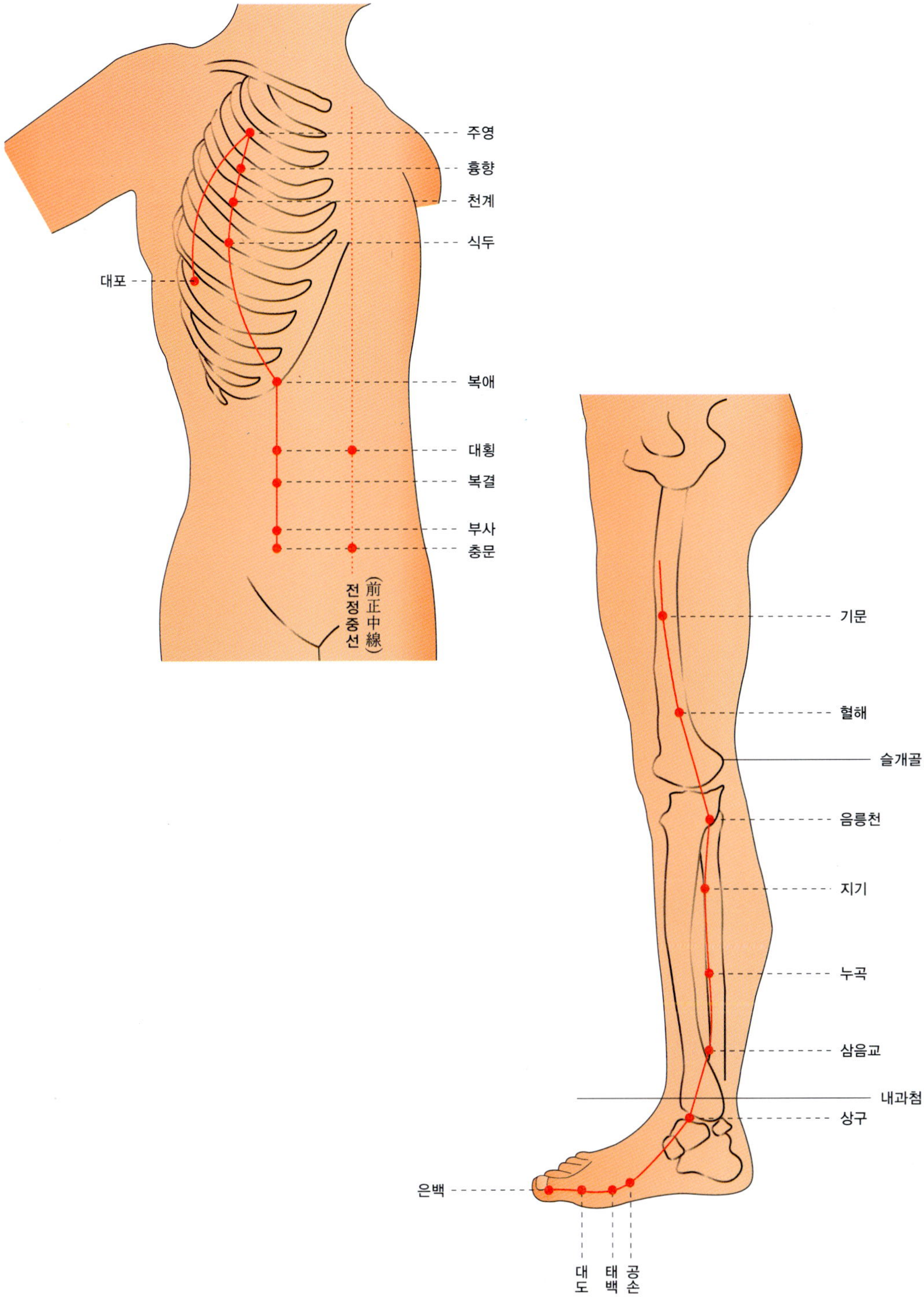

그림 1-9 족태음비경(足太陰卑經)

(5) 수소음심경(手少陰心經)

소장과 표리관계이며 혈맥과 정신의식을 주관한다.

주치 : 가슴과 시장의 질환, 정신병 등

① 수소음심경의 소속경혈(시혈 : 극천 – 종혈 : 소충), 9혈 ×2

- 경혈 : 극천, 청령, 소해, 영도, 통리, 음극, 신문, 소부, 소충
- 오행배속 특징 : 화(火)에 속하고 여름(夏)에 속하며, 오시(오전 11~13시)에 속하며 소장과 표리관계이다.

② 수소음심경의 유주순서

심장에서 시작하여 횡격막을 뚫고 내려가서 소장에 연락하고 갈라져 한 경맥은 위로 올라가서 목을 거친 다음에 안구와 연결된 뇌와 만난다. 또한 경맥은 폐로 내려가서 겨드랑이를 거친 후에 팔 안쪽으로 흘러 손바닥을 거쳐 새끼손가락 내측 소충혈로 내려온 다음에 새끼손가락 외측의 수태양소장경 소택혈에서 만난다.

표 1-15 수소음심경의 혈위와 주치

순번	경혈명 (經穴名)	혈 위 (穴 位)	주 치 (主 治)
1	극천 (極泉)	겨드랑이 사이 정중 동맥 내측	효능 : 견관절염, 소화불량, 늑간신경통,히스테리 발작, 눈병, 두통, 경풍, 유즙부족, 심염, 설사 미용 : 가슴 탄력, 여드름
2	청령 (青靈)	소해혈 위 3촌	효능 : 협통, 견비통, 두통, 신경성 심계항진, 팔꿈치 관절염 미용 : 상완내측비만
3	소해 (少海) *합혈	팔을 굽혔을 때 발생하는 주름의 안쪽 끝부분	효능 : 어깨마비, 구토, 수전증, 비만증, 이명, 어지럼증, 충혈, 심장질환, 기억력감퇴, 심통, 주관절통 미용 : 비만, 스트레스성 여드름
4	영도 (靈道)	손바닥면의 손목횡문 상방 1.5촌	효능 : 주비동통, 경련, 침통, 폭음, 설골 신경마비, 팔의 통증 미용 : 팔 내측비만
5	통리 (通里)	손목 횡문 위로 1촌	효능 : 심계항진, 혀의 마비, 언어곤란, 팔과 팔꿈치 통증, 노이로제 미용 : 안면홍조, 신경성 여드름

6	음극 (陰郄) *극혈	손목 횡문위로 0.5촌	효능 : 노이로제, 땀 분비 과다, 심계항진, 심통, 어지럼증, 흉통, 코피
7	신문 (神門) *원혈	손목이 접히는 새끼 손가락 쪽 함몰처	효능 : 건망증, 심장질환, 협심증, 공포증, 변비, 불면증, 혀의 궤양, 히스테리, 눈의 피로 미용 : 안면홍조, 여드름
8	소부 (少府)	제4~5 중수골 사이	효능 : 소변불리, 유뇨, 심장질환, 가슴두근거림, 손바닥의 열기, 히스테리, 원기부족 미용 : 신경성 여드름
9	소충 (少衝) *정혈	약지 손가락 손톱 요측 1분처	효능 : 정신질환, 심통, 심장질환, 다몽, 노이로제, 어지러움, 불안, 초조 미용 : 열에 의한 여드름

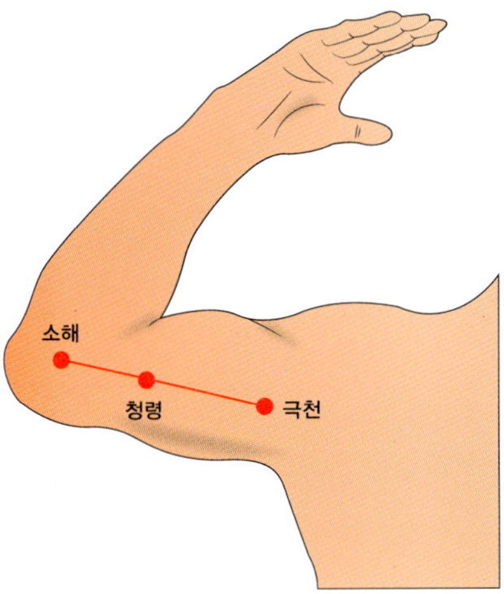

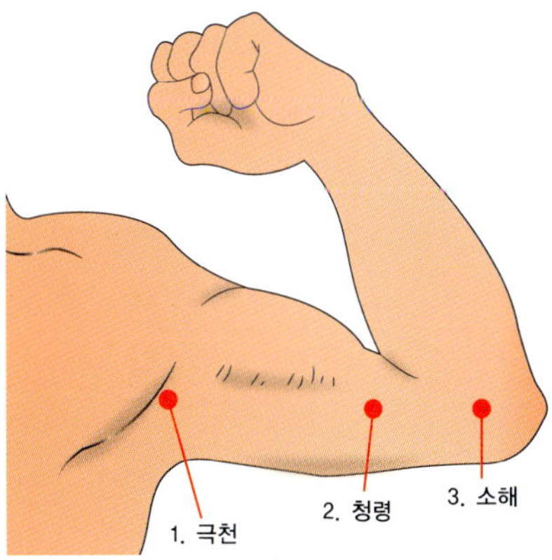

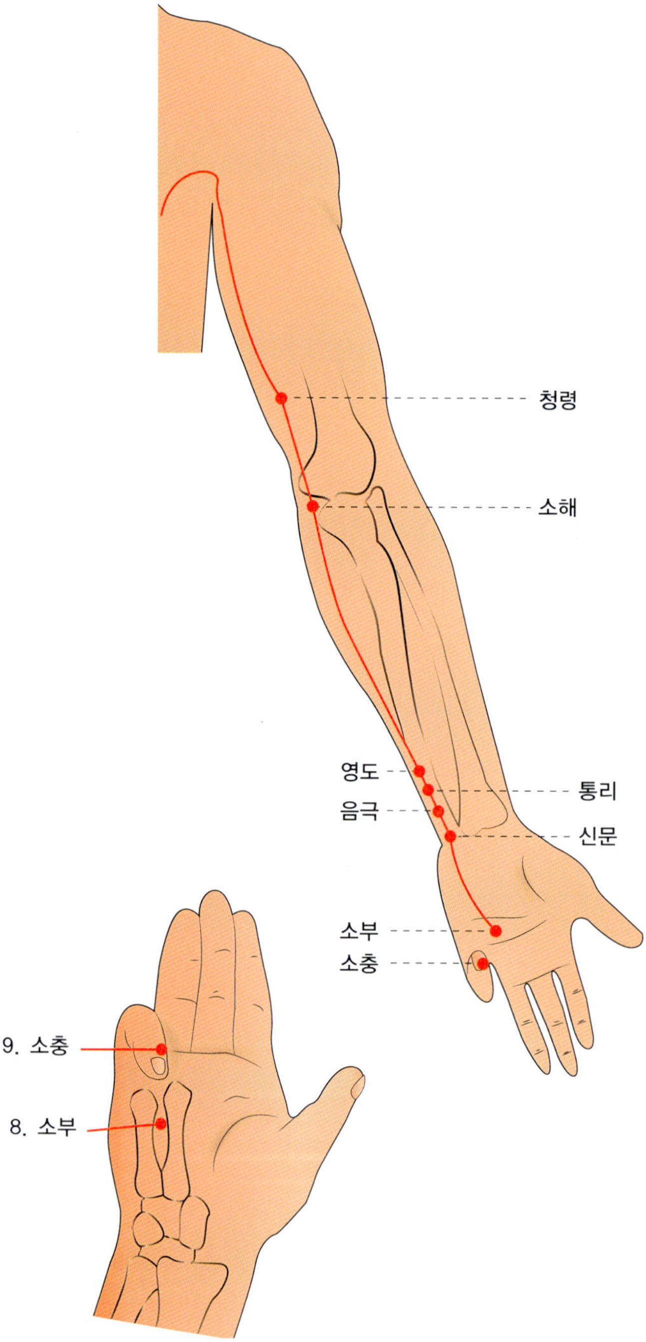

그림 1-10 수소음심경(手少陰心經)

(6) 수태양소장경(手太陽小腸經)

소장은 심장과 표리관계를 이루며 청탁(淸濁)을 구별하는 역할을 한다.

주치 : 머리, 목, 눈, 귀, 코, 인후의 질환, 정신병과 열성질환 등

① 수태양소장경의 소속경혈(시혈 : 소택 – 종혈 : 청궁), 19혈 × 2

- 경혈 : 소택, 전곡, 후계, 완골, 양곡, 양로, 지정, 소해, 견정, 노유, 천종, 병풍, 곡원, 견외유, 견중유, 전창, 천용, 권료, 청궁
- 오행배속 특징 : 화(火)에 속하고 여름(夏)에 속하며, 미시(未時, 오후 13~15시)에 속하며 심장과 표리관계이다.

② 소장경의 유주순서

새끼손가락 외측 끝의 소택혈에서 시작하여 손등을 거친 후에 팔의 요골 외측으로 올라간 다음에 견갑골에 이르러 돌아서 결분으로 들어간 후 심장에 연락하고 식도를 따라 횡경막을 뚫고 내려간 다음에 위(胃)를 지나 소장에 속한다. 결분에서 갈라져 나온 한 가닥은 목을 따라 뺨에 올라가서 눈 외측에 이르고 귓속으로 들어간다. 이때 뺨에서 갈라져 나온 한 가닥은 콧마루를 끼고 올라가서 눈 안쪽에 이르고 족태양방광경의 정명혈과 만난다.

표 1–16 수태양소장경의 혈위와 주치

순번	경혈명 (經穴名)	혈 위 (穴 位)	주 치 (主 治)
1	소택 (少澤) *정혈	약지 손톱 외측 끝	효능 : 인후염, 두통, 유방통증, 편도선염, 유즙부족, 의사불성, 반신불수, 견비통, 중풍, 혼비, 열병, 심장마비 미용 : 눈 밑 그늘, 여드름
2	전곡 (前谷)	주먹 쥔 상태에서 제5중수 관절 앞 오목한 부위	효능 : 이명, 팔의 통증, 인후염, 열병, 유즙부족, 눈의 통증 미용 : 수분부족피부, 건성 피부
3	후계 (後谿)	손등과 약지 외측 사이	효능 : 인후염, 정신질환, 학질, 안질, 중이염, 폐렴, 허리통증, 어깨통증, 안면근육 경련 미용 : 신경성 여드름, 건조피부

4	완골 (腕骨) *원혈	제5중수골과 손목의 사이	효능 : 이명, 황달, 두통, 정신질환, 구토, 담낭염, 손목과 손가락 통증, 학질
5	양곡 (陽谷)	척골두 아래 손목이 접히는 곳	효능 : 목현, 이명, 두통, 열병, 눈병, 안면경련, 수족경련, 정신질환, 눈병, 요통, 척추질환, 심장쇠약, 손목통증 미용 : 안면피부 처짐 방지, 여드름
6	양로 (養老) *극혈	전완을 안쪽으로 굽혔을 때 척골두 경상돌기 위 함몰처	효능 : 후두통, 이명, 어지럼증, 열병, 손목통증, 견비통 미용 : 뾰루지, 기미, 주근깨, 여드름
7	지정 (支正)	양곡혈 의 5촌	효능 : 어지러움, 정신질환, 턱의 부기열병, 신경쇠약, 두통, 목이 뻣뻣할 때, 뇌신경마비, 팔통증 미용 : 소름 피부, 신경성 여드름
8	소해 (小海) *합혈	팔꿈치 아래 오목한 부위	효능 : 주비동통, 귓병, 하복통, 오십견, 요통, 목 아플 때, 두통 미용 : 여드름 피부, 소름 피부 , 팔 외측비만
9	견정 (肩貞)	겨드랑이를 몸에 밀착했을 때 겨드랑이 후면 주름위 1촌	효능 : 귀질환, 이명, 견갑질환, 오십견, 상지마비 미용 : 어깨비만해소, 여드름
10	노유 (臑兪)	견정혈 직상 견갑극 하연	효능 : 견비통, 견갑통, 흉통, 나력, 수족불수, 후두통 미용 : 상체경직으로 인한 비만
11	천종 (天宗)	견갑골 중앙 함몰처	효능 : 견비통, 견갑동통, 수족반신불수, 유방질환, 유즙부족, 가슴아플 때, 오십견 미용 : 눈 주위 주름
12	병풍 (秉風)	천종혈 직상 견갑골 위 함몰처	효능 : 어깨통증, 견갑통, 어깨 시릴 때, 어깨마비 미용 : 어깨근육경직으로 인한 비만, 여드름
13	곡원 (曲垣)	견갑골 상연 내측안	효능 : 견갑동통 미용 : 노화예방, 상완비만
14	견외유 (肩外兪)	제1흉추 극돌기 밑 양방3촌	효능 : 편두통, 반신불수, 팔꿈치통증, 류마티스 미용 : 턱주변 여드름
15	견중유 (肩中兪)	대추혈 양방 2촌	효능 : 견비통, 기침, 천식, 목이 뻣뻣할 때 미용 : 여드름
16	천창 (天窓)	후두골 양옆 3.5촌	효능 : 반신불수, 인후염, 이통, 이명, 폭음, 목부위 통증

17	천용 (天容)	하악각 뒤	효능 : 편도선염, 이명, 이통, 발성 곤란, 견갑통, 목이 뻣뻣할 때
18	권료 (顴髎)	눈꼬리 직하 관골 밑	효능 : 안검경련, 구안와사, 안면신경마비, 치통, 기억력 증진, 삼차신경통 미용 : 얼굴부종, 안면주름개선
19	청궁 (聽宮)	귓 구멍앞, 입 벌리면 오목한 곳	효능 : 이명, 벙어리, 중이염, 치통, 어지럼증, 이통 미용 : 색소침착, 안면주름개선

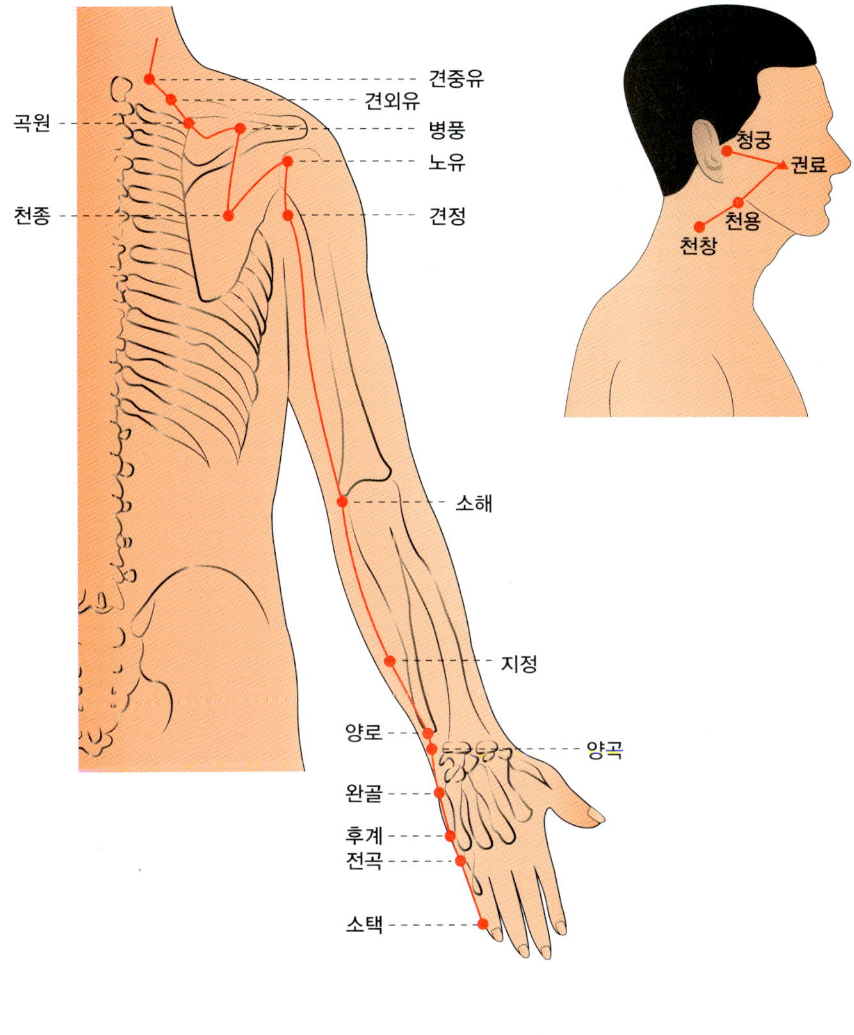

그림 1-11 수태양소장경(手太陽小腸經)

(7) 족태양방광경(足太陽膀胱經)

방광은 신장과 표리관계를 이루며 소변을 저장하거나 배출하는 일을 담당한다.

주치 : 눈, 목, 머리, 허리, 코, 항문부위 질환, 열성 질환, 정신병 등

① 방광경의 소속경혈(시혈 : 정명 – 종혈 : 지음), 67혈 ×2

- 경혈 : 청명, 찬죽, 미충, 곡차, 오처, 승광, 통천, 낙각, 옥침, 천주, 대저, 풍문, 폐수, 궐음수, 심유, 독유, 격유, 간유, 담유, 비유, 위유, 삼초유, 신유, 기해유, 대장유, 관원유, 소장유, 방광유, 중려유, 백환유, 상료, 차료, 중료, 하료, 회양, 승부, 은문, 부극, 위양, 위중, 부분, 백호, 고황, 신당, 의회, 격관, 혼문, 양강, 의사, 위창, 황문, 지실, 포황, 질변, 함양, 승근, 승산, 비양, 부양, 곤륜, 복삼, 신맥, 금문, 경골, 속골, 통곡, 지음
- 오행배속 특징 : 수(水)에 속하고 겨울에 속하며, 신시(오후 15~17시)에 속하고 신장과 표리관계이다.

② 족태양방광경의 유주순서

눈 앞 머리의 정명에서 시작하여 두정부의 신정혈과 만나고 뇌호와 만난다. 다시 목을 거쳐 대추혈과 만난 후에 두 갈래로 갈라져서 척추를 따라 내려와 독맥의 장강을 거쳐 무릎 뒤편 위중혈을 거친 후 다리를 따라 내려가 다섯 번째 발가락 끝에 위치한 지음으로 흐른다. 또한 두정부에서 갈라져 나온 한 가닥은 완골혈에 이른 후 척추 3.5촌 간격으로 내려온 다음에 허리 부위로 들어가서 신장과 만나고 방광에 속한다.

> **TIP**
> 방광경의 경혈에서 한문 '俞'는 '수'나 '유'로 표현하나 현재의 흐름은 '유'로 표현한다.

표 1-17 족태양방광경의 혈위와 주치

순번	경혈명 (經穴名)	혈 위 (穴 位)	주 치 (主 治)
1	정명 (睛明)	양쪽 눈머리 지압점	효능 : 색맹, 근시, 난시, 원시, 야맹증, 눈병, 유행성결막염
2	찬죽 (攢竹)	눈썹머리 기시부	효능 : 눈질환, 두통, 구안와사, 근시, 안검경련, 시력감퇴, 급성결막염, 눈이 부었을 때 미용 : 눈주변 주름 및 눈꺼풀처짐 방지

3	미충 (眉衝)	신정혈 옆 전발제 위 0.5촌	효능 : 두통, 어지럼증, 코막힘, 비색
4	곡차 (曲差)	신정혈 양방 1.5촌에서 전발제로 1.5촌 들어간 곳	효능 : 코막힘, 전두통, 두통, 눈질환, 알레르기성 비염, 코피, 눈 캄캄할 때 미용 : 입술 건조
5	오처 (五處)	신정혈 양방 1.5촌에서 전발제로 1촌 들어간 곳	효능 : 두통, 목현, 전간, 현훈, 비염 미용 : 안면홍조
6	승광 (承光)	오처혈 위 1촌	효능 : 두통, 목현, 비염, 각막에 반점, 감기, 어지럼증 미용 : 안색창백, 눈이 흐릿할 때
7	통천 (通天)	백회혈 양방 1.5촌	효능 : 비염, 코막힘, 편두통, 협심증, 목이 뻣뻣할 때, 어지럼증, 축농증 미용 : 모발 윤기
8	낙각 (絡却)	후정혈 양방 1.5촌	효능 : 어지럼증, 갑산선종, 두정통, 안면신경마비, 구토, 이명, 비염 미용 : 안면근육 뭉침
9	옥침 (玉忱)	뇌호혈 양방 1.5촌	효능 : 두통, 어지러움, 비색, 생리불순, 뇌출혈, 근시, 불면증 미용 : 땀 과다 분비
10	천주 (天柱)	아문혈 아래 양방 1.5촌	효능 : 인후염, 후두통, 코막힘, 축농증, 코피, 시력저하, 목이 뻣뻣할 때 미용 : 탈모예방, 아토피 피부염, 부종
11	대저 (大杼)	제1흉추 극돌기 아래 양방 1.5촌	효능 : 발열, 해수견갑통, 기침, 코막힘, 천식, 기관지염, 폐렴, 신경쇠약, 소화불량 미용 : 피지막 형성 미흡
12	풍문 (風門)	제2흉추 극돌기 아래 양방 1.5촌	효능 : 중풍, 기관지염, 감기, 기침, 습진, 발열두통, 만성 비염, 등의 질병 미용 : 푸석한 피부
13	폐유 (肺俞)	제3흉추 극돌기 아래 양방 1.5촌	효능 : 해수, 침, 백일기침, 기관지염, 감기, 천식, 폐렴, 도한 미용 : 색소침착, 피부윤택, 손상모, 예민성 여드름
14	궐음유 (厥陰俞)	제4흉추 극돌기 아래 양방 1.5촌	효능 : 부정맥, 딸꾹질, 해수, 가슴통증, 두정통, 구토, 호흡곤란, 노이로제 미용 : 상체비만

15	심유 (心俞)	제5흉추 극돌기 아래 양방 1.5촌	효능 : 건망증, 부정맥, 불안, 히스테리, 가슴 두근거림, 해수, 토혈, 빈혈, 공포증, 식은 땀 미용 : 여드름, 어깨 비만, 피부윤택
16	독유 (督俞)	제6흉추 극돌기 아래 양방 1.5촌	효능 : 위산과다, 빈혈, 담석증, 신경성 구토, 유선염, 가려움증, 딸꾹질 미용 : 모발건조 및 탈모방지, 피부윤택, 잡티 제거, 여드름
17	격유 (膈俞)	제7흉추 극돌기 아래 양방 1.5촌	효능 : 빈혈, 만성출혈성 질환, 심장병, 위암, 딸꾹질, 간장질환, 급성담도감염, 해수, 식도경련 미용 : 피부윤택, 손상모, 기미, 주근깨
18	간유 (肝俞)	제9흉추 극돌기 아래 양방 1.5촌	효능 : 협통, 황달, 위병, 토혈, 비출혈, 간장질환, 담낭염 미용 : 피부탄력저하, 피지분비과다. 피부 윤택
19	담유 (膽俞)	제10흉추 극돌기 아래 양방 1.5촌	효능 : 황달, 위장병, 구토, 간장병, 하혈, 당뇨병, 만성설사, 사지무력증,변비, 건망증 미용 : 피부탄력저하, 피지분비과다. 피부윤택
20	비유 (脾俞)	제11흉추 극돌기 아래 양방 1.5촌	효능 : 황달, 위장병, 위하수, 비위허약, 간장병, 설사, 이질, 간염, 소화불량 미용 : 피부윤택, 손상모, 안면부종, 주름개선
21	위유 (胃俞)	제12흉추 극돌기 아래 양방 1.5촌	효능 : 위통, 비위허약, 위궤양, 위하수, 구토, 간장병, 장기능저하 미용 : 비만
22	삼초유 (三焦俞)	제1요추 극돌기 아래 양방 1.5촌	효능 : 요통, 장기능저하, 노이로제, 이질, 설사, 소화불량 미용 : 피부윤택, 부종, 여드름, 비만, 노화예방
23	신유 (腎俞)	제2요추 극돌기 아래 양방 1.5촌	효능 : 생리불순, 요통, 이농, 요로감염, 요폐, 이명, 만성 설사
24	기해유 (氣海俞)	제3요추 극돌기 아래 양방 1.5촌	효능 : 대장기능저하, 치루, 설사, 생리 불순, 피부병, 변비, 자궁출혈, 요통 미용 : 피부윤택, 탈모, 손상모, 흰머리
25	대장유 (大腸俞)	제4요추 극돌기 아래 양방 1.5촌	효능 : 복통, 설사, 혈뇨, 장염, 요통, 좌골신경통, 변비 미용 : 배설문제에서 오는 비만, 턱 주변 여드름

26	관원유 (關元俞)	제5요추 극돌기 아래 양방 1.5촌	효능 : 방광질환, 설사, 요통, 유뇨, 좌골경통, 변비, 배뇨곤란, 야뇨증 미용 : 피부무력증
27	소장유 (小腸俞)	제1천추 극돌기 아래 양방 1.5촌	효능 : 좌골신경통, 유정, 요통, 야뇨증, 설사, 복통, 산기, 장염 미용 : 턱 부위 여드름, 하복부비만
28	방광유 (膀胱俞)	제2천추 극돌기 아래 양방 1.5촌	효능 : 변비, 좌골신경통, 선골신경통, 생리불순, 산기 미용 : 턱부위 여드름
29	중려유 (中膂俞)	세3천추 극돌기 아래 양방 1.5촌	효능 : 좌골신경통, 생리불순, 설사, 자궁후굴, 요통, 치질, 산기, 고환염, 산부인과 질환 미용 : 하복부비만
30	백환유 (白環俞)	제4천추 극돌기 아래 양방 1.5촌	효능 : 월경부조, 산기, 좌골신경통, 생리불순, 자궁염 미용 : 엉덩이 처짐방지
31	상료 (上髎)	제1천추 아래 양방 1촌의 제1천골공	효능 : 요통, 산부인과질환, 하지마비, 대소변 분리, 자궁후굴, 변비 미용 : 호르몬 이상에 의한 피부부작용
32	차료 (次髎)	제1천추 아래 양방 0.9촌의 제1천골공	효능 : 남녀 생식기 질환, 요통, 생리통, 불임, 산기, 하지마비 미용 : 피부부작용, 하복부 처짐
33	중료 (中髎)	제3천추 아래 양방 0.8촌의 제1천골공	효능 : 월경부조, 요통, 소변불리, 남녀 생식기 질환, 탈항 미용 : 하복부 처짐
34	하료 (下髎)	제4천추 아래 양방 0.7촌의 제1천골공	효능 : 남녀생식기 질환, 요통, 아토피피부염, 대하, 소변불리, 유정 미용 : 엉덩이 처짐예방
35	회양 (會陽)	미골끝 함몰처 양방 5분	효능 : 장염, 대하증, 치질, 부녀생식기질환 설사 조루증, 빈혈
36	승부 (承扶)	대둔근 아래 횡문 정중앙	효능 : 요폐, 치질, 후두통, 좌골신경통, 다리 마비, 요통 미용 : 엉덩이 비만 및 처짐예방
37	은문 (殷門)	승부와 위중사이 정중앙	효능 : 대퇴부비만, 좌골신경통, 요통, 하지마비 미용 : 엉덩이비만과 처짐예방, 다리부종
38	부극 (浮隙)	위양 상방 1촌	효능 : 급성위장염, 다리 마비, 방광염, 변비, 좌골신경통

39	위양 (委陽)	무릎을 굽힐 때 슬와 횡문 외측 끝	효능 : 무릎관절통, 소변분리, 요통, 다리 쥐날 때, 방광염, 급성위장염 미용 : 종아리 비만
40	위중 (委中) *합혈	무릎을 굽힐 때 슬와 횡문 정중앙	효능 : 방광염, 신염, 변비, 구토, 설사, 피부병, 복통, 무릎통증 미용 : 부종, 종아리 비만
41	부분 (附分)	제2흉추 극돌기 아래 양방 3촌	효능 : 팔 마비, 늑간신경통, 목근육경련, 목이 뻣뻣할 때
42	백호 (魄戶)	제3흉추 극돌기 아래 양방 3촌	효능 : 천식, 기침, 폐결핵, 어깨통증, 가래 미용 : 모세혈관확장피부 개선
43	고황 (膏肓)	제4흉추 극돌기 아래 양방 3촌	효능 : 기관지염, 천식, 협심증, 건망증, 폐결핵, 신경쇠약, 노이로제, 심화억제 미용 : 근육노화
44	신당 (神堂)	제5흉추 극돌기 아래 양방 3촌	효능 : 심장병, 늑간신경통, 기침, 기관지천식, 견관절 이상 미용 : 여드름
45	의희 (譩譆)	제6흉추 극돌기 아래 양방 3촌	효능 : 늑간신경통, 학질, 열병, 딸꾹질, 식은땀, 어지럼증
46	격관 (膈關)	제7흉추 극돌기 아래 양방 3촌	효능 : 늑간신경통, 식도경련, 트림, 설사, 식도협착, 딸꾹질, 목이 뻣뻣함
47	혼문 (魂門)	제9흉추 극돌기 아래 양방 3촌	효능 : 심장질환, 신경쇠약, 구토, 간 · 담질환, 설사, 소화불량, 위경련 미용 : 기미
48	양강 (陽綱)	제10흉추 극돌기 아래 양방 3촌	효능 : 담석, 복통, 설사, 황달, 간염
49	의사 (意舍)	제11흉추 극돌기 아래 양방 3촌	효능 : 등의 통증, 복창, 소화불량, 설사, 간질환, 소화불량, 배가 부었을 때 미용 : 대퇴부 비만
50	위창 (胃倉)	제12흉추 극돌기 아래 양방 3촌	효능 : 위경련, 위통, 구토, 변비, 배가 부었을 때 미용 : 대퇴부 비만
51	황문 (肓門)	제1요추 극돌기 아래 양방 3촌	효능 : 유선염, 복통, 간장비대, 비장비대, 만성 질환, 변비, 산후병증, 요통 미용 : 노화피부, 피부미백
52	지실 (志室)	제2요추 극돌기 아래 양방 3촌	효능 : 유정, 유뇨, 월경부조, 남녀생식기질환, 소변불리 조루증, 생리통, 아토피 피부염 미용 : 부종, 하복부 비만

53	포황 (胞肓)	제2천추 극돌기 아래 양방 3촌	효능 : 요폐, 설사, 복통, 장염, 요통, 좌골신경통, 변비 미용 : 둔부 소름피부
54	질변 (秩邊)	제3천추 극돌기 아래 양방 3촌	효능 : 좌골신경통, 다리마비, 방광염, 요통, 다리저림, 소변불리 미용 : 둔부 소름피부
55	합양 (合陽)	위중 아래 2촌	효능 : 냉 · 대하, 요통, 장출혈, 하지마비, 좌골신경통, 월경과다, 붕루 미용 : 발목비만
56	승근 (承筋)	위중 아래 5촌	효능 : 하지마비, 치질, 다리 경련, 등쪽 허리통증 미용 : 부종, 종아리 비만
57	승산 (承山)	위중 아래 8촌	효능 : 다리 마비, 종아리 쥐날 때, 치질 미용 : 부종, 노화방지, 비만
58	비양 (飛陽)	곤륜 직상 7촌	효능 : 풍습성 관절염, 방광염, 코피, 신장병, 정신질환, 어지럼증
59	부양 (跗陽)	곤륜 직상 3촌	효능 : 요통, 방광염, 두통, 오십견, 자궁병, 좌골신경통, 목이 뻣뻣할 때 미용 : 근육의 노화방지
60	곤륜 (崑崙)	족외과첨과 아킬레스건 사이 후연 정중앙	효능 : 요배통, 다리 마비, 두통, 방광염, 소아경련, 설사 염좌 미용 : 부종에 의한 발목 비대
61	복삼 (僕參)	곤륜직하 1.5촌	효능 : 족근통, 각기, 다리근육통, 간질, 염좌, 다리무력증, 아킬레스건 통증 미용 : 부종에 의한 발목 비대
62	신맥 (申脈)	족외과 하연 아래 5분처	효능 : 정신병, 두통, 하지무력증, 염좌 미용 : 부종에 의한 발목 비대
63	금문 (金門) *극혈	경골과 신맥혈의 중간	효능 : 소아경련, 두통, 정신병, 하지마비, 무릎경직, 다리통증
64	경골 (京骨) *원혈	제5중족골 돌기 아래 적백육제	효능 : 두통, 심근염, 뇌막염, 간질, 비질, 요퇴통, 뒷목통증 미용 : 허리 비만
65	속골 (束骨)	제5중족골 후외측 함몰처	효능 : 두항통, 목예, 학질, 전간, 정신병

66	족통곡 (足通谷)	제중족골 전외측 함몰처	**효능** : 두통, 비출혈, 눈앞이 캄캄하고 어지러움, 정신병, 방광염, 생식기질환
67	지음 (至陰) *정혈	제5지 발톱 근부 외측 1분처	**효능** : 두통, 빈뇨, 야뇨, 반신불수, 난산, 비색, 혈액순환, 코피

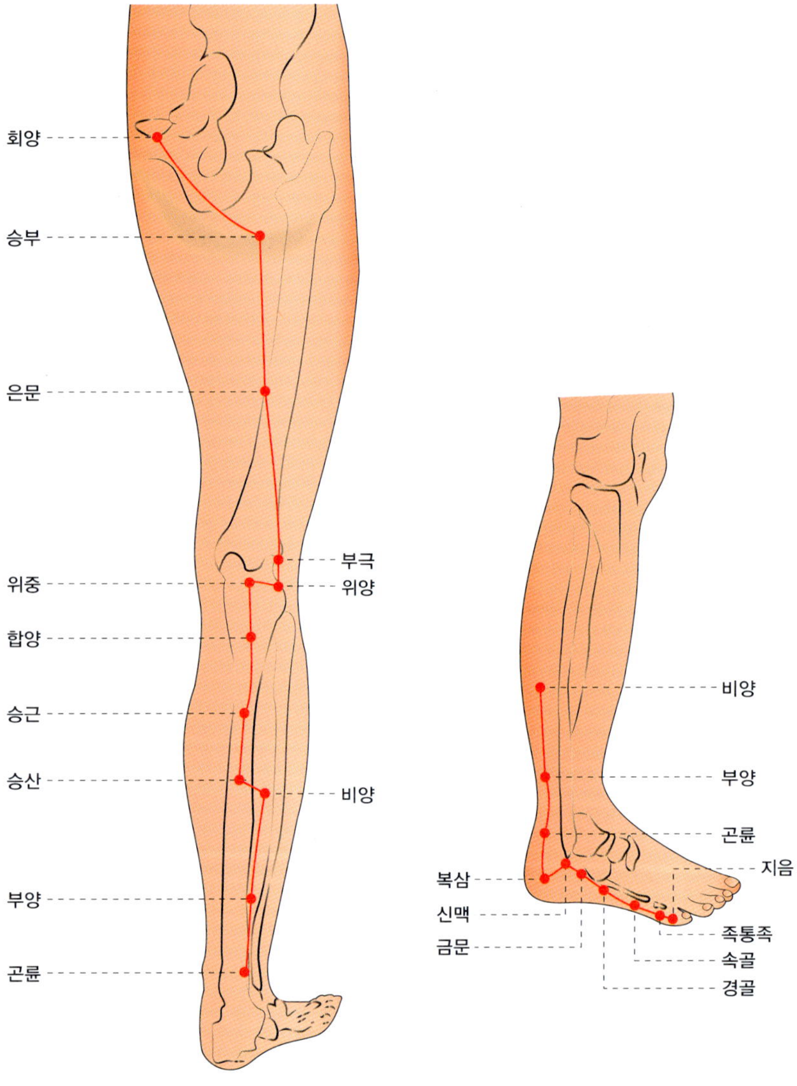

그림 1-12.(a) 족태양방광경(足太陽膀胱經)

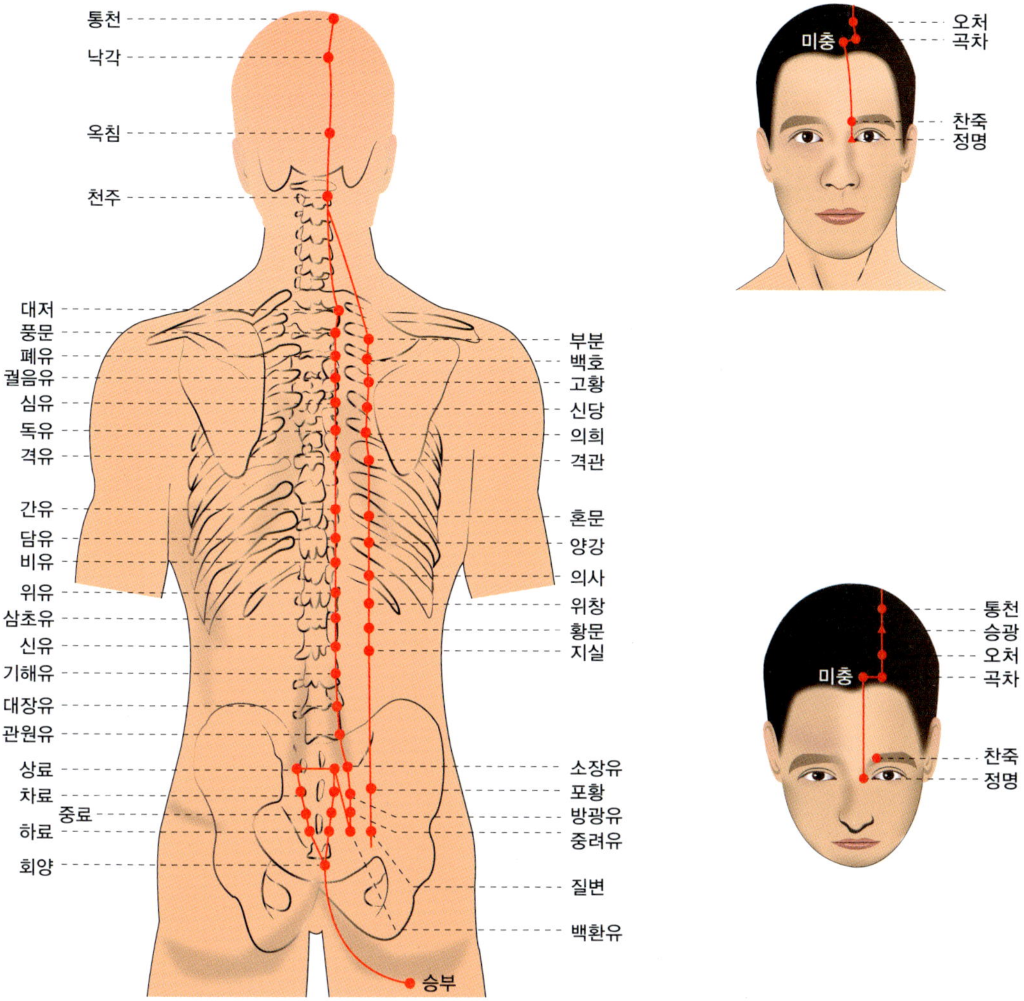

그림 1-12.(b) 족태양방광경(足太陽膀胱經)

(8) 족소음신경(足少陰腎經)

신장은 방광과 표리관계를 이루며 선천의 근본으로 정(精)을 저장한다.

주치 : 임신, 비뇨기계 질환, 인·흉부와 폐부 질환

① 신경의 소속경혈(시혈 : 용천 - 종혈 : 수부), 27혈 × 2

- 경혈 : 용천, 연곡, 태계, 대종, 수천, 조해, 복류, 교신, 축빈, 음곡, 횡골, 대혁, 기혈, 사만, 중주, 황유, 상곡, 석관, 음도, 복통곡, 유문, 보랑, 신봉, 영허, 신장, 욱중, 유부
- 오행배속 특징 : 수(水)에 속하고 겨울에 속하며, 유시(酉時, 오후 17~19시)에 속하고 신장과 표리관계이다.

② 족소음신경의 유주순서

새끼 발가락아래에서 시작하여 발바닥 가운데를 지난 후에 발 내측 주상골 아래 연골혈로 나온다. 안쪽 복사뼈 뒤 발뒤축으로 들어가서 종아리 내측을 따라 올라가 족태음비경의 삼음교와 만난 후, 위로 올라가 무릎과 대퇴부의 내측을 거쳐 꼬리뼈 쪽으로 올라가서 신장에 속하고 내려와 방광과 연결된다. 다시 신장에서 나와 위로 올라가 간장과 횡격막을 통과하고 폐로 들어간 후, 나와서 후두를 돌아 혀뿌리에 이른다.

표 1-18 족소음신경의 혈위와 주치

순번	경혈명 (經穴名)	혈 위 (穴 位)	주 치 (主 治)
1	용천 (湧泉) *정혈	새끼발가락을 굽힐 때 나타나는 족심부 정중앙의 함몰처	효능 : 협심증, 쇼크, 소아경련, 정신질환, 두통, 당뇨병, 불면증, 인후종통, 목이 쉼, 변비, 기절, 배뇨곤란, 정서불안, 발작, 치통, 수면부족, 식욕부진, 원기부족, 의식불명, 수족냉증, 불임증, 신장병 미용 : 거친 피부, 모발성장, 손상모, 탈모, 부종
2	연곡 (然谷)	족 내측 주상골 아래 1촌, 족부 주상골돌기 밑 함몰처	효능 : 월경불순, 소갈, 설사, 유정, 객혈, 배뇨곤란, 인후종통 미용 : 발목부종

3	태계 (太谿) *원혈	족 내과 5분, 안쪽 복사뼈와 아킬레스건의 중간 지점 오목한 부위	효능 : 방광염, 발기부전, 소아파상풍, 신장의 기 보충, 월경불순, 변비, 객혈, 인후염, 치통, 요통, 이명, 이롱, 빈뇨, 불면증 미용 : 미백, 주름살 개선, 기미, 탈모
4	대종 (大鐘)	태계혈 밑 0.5촌 되는 곳의 약간 뒤쪽, 내측 복사뼈 와 아킬레스 건 의 중간	효능 : 천식, 학질, 당뇨병, 피로, 월경불순, 변비, 객혈, 치매, 족근통 미용 : 발목 및 복부비만
5	수천 (水泉) *극혈	태계혈 밑 1촌, 조해혈 직후와 태계혈 아래 교차점	효능 : 월경불순, 배뇨곤란, 월경통 미용 : 발목비만, 복부비만
6	조해 (照海)	족 내과 직하 4분, 내측 복사뼈 밑 오목한 부위	효능 : 배뇨곤란, 불면증, 변비, 전간, 월경곤란, 잦은 소변, 월경불순, 손바닥 · 발가락 한열, 설염, 인후염, 편도선염, 식욕부진, 풍증 미용 : 건조하고 거칠어진 피부
7	복류 (復溜)	태계혈 위 2촌	효능 : 땀의 분비 이상 질환, 부종, 설사, 복창, 수종, 심한 도한, 부종 미용 : 발목근육 경직으로 인한 비만
8	교신 (交信)	복류혈 앞 약 0.5촌	효능 : 월경불순, 산기, 변비, 설사 미용 : 털 주변 여드름, 색소침착
9	축빈 (築賓)	족내과 상 5촌, 태계혈과 음곡혈의 연결선에서 태계혈 위 5촌	효능 : 전광, 구토, 산기 미용 : 기미
10	음곡 (陰谷) *합혈	무릎 구부려서 두 인대 사이, 반건양근건과 반막양근건 사이	효능 : 자궁출혈, 산기, 발기부전, 배뇨곤란, 무릎인대 질환, 상충, 빈혈, 상기, 시력장애, 고혈압, 신장염, 소변이상 미용 : 색소침착
11	횡골 (橫骨)	배꼽 아래 5촌, 곡골혈 양방 5분처	효능 : 소복창통, 조로증, 배뇨곤란, 산기, 요도와 방광염, 신장병, 자궁 미용 : 잔주름
12	대혁 (大赫)	중극혈 양방 5분처, 배꼽 아래 4촌, 복부 중앙선 옆 0.5촌	효능 : 심통, 생식기질환, 대하, 두통, 요통, 고혈압, 요선통 미용 : 털 주변 여드름, 색소침착
13	기혈 (氣穴)	관원혈 양방 5분처, 배꼽 아래 3촌, 복부 중앙선 옆 0.5촌	효능 : 월경불순, 설사, 대하, 배뇨곤란, 류머티즘, 소장, 심허, 신장, 위 · 자궁 · 하복부 질환 미용 : 하복부 처짐

14	사만 (四滿)	석문혈 양방 5분처, 배꼽 아래 2촌, 하복부 중앙선 옆 0.5촌	효능 : 유뇨, 유정, 산기, 월경불순, 변비, 수종, 복통 미용 : 털 주변 색소침착
15	중주 (中注)	음교혈 양방 5분처, 배꼽 아래 1촌, 복부 중앙선 옆 0.5촌	효능 : 월경불순, 변비, 설사, 복통 미용 : 피부를 맑게
16	황유 (황兪)	신궐혈 양방 5분처, 배꼽 옆 0.5촌	효능 : 변비, 복통, 복창, 복부창만, 설사, 수종, 배꼽 주위가 딱딱하게 뭉쳤을 때 미용 : 여드름
17	상곡 (商曲)	하완혈 양방 5분처, 배꼽 위 2촌, 복부 정중선의 임맥 양방 0.5촌	효능 : 위하수, 위통증, 복막염, 설사, 식욕부진, 복통 미용 : 상복부비만
18	석관 (石關))	건리혈 양방 5분처, 배꼽 위 3촌, 복부 정중선의 임맥 양방 0.5촌	효능 : 불임증, 산후 복통, 딸꾹질, 변비 미용 : 복부비만
19	음도 (陰都)	중완혈 양방 5분처, 배꼽 위 4촌, 복부 정중선의 임맥 양방 0.5촌	효능 : 구토, 배의 통증, 불임증, 신경성 위장병 미용 : 눈 충혈
20	복통곡 (腹痛谷)	상완혈 양방 5분처, 배꼽 위 5촌, 복부 정중선의 임맥 양방 0.5촌	효능 : 구토, 위 확장, 복통, 설사 미용 : 복부비만
21	유문 (幽門)	거궐혈 양방 5분, 배꼽 위 6촌, 복부 정중선의 임맥 양방 0.5촌	효능 : 설사, 늑간신경통, 복통, 구토, 딸꾹질 미용 : 창백한 피부
22	보랑 (步廊)	중정혈 양방 2촌, 제5늑간극, 복부 정중선의 임맥 양방 2촌	효능 : 기침, 구토, 천식, 흉협창만 미용 : 모세혈관 확장피부
23	신봉 (神封)	전중혈 양방 2촌, 제4늑간극, 복부 정중선의 임맥 양방	효능 : 기침, 천식, 유통, 흉협창만, 구토
24	영허 (靈墟)	옥당혈 양방 2촌, 복부 정중선의 임맥 양방 2촌으로 제 3 늑간극	효능 : 천식, 기침, 구토, 유통, 흉협창만

25	신장 (神藏)	자궁혈 양방 2촌, 복부 정중선의 임맥 양방 2촌으로 제 2늑간극 ,2, 3번 늑골 사이의 중부혈과 수평위치	효능 : 기침, 천식, 구토, 불안, 흉통, 심장의 압박감
26	욱중 (彧中)	화개혈 양방 2촌, 임맥 양방 2촌, 제 1늑간극	효능 : 기침, 천식, 흉협창만
27	유부 (兪府)	선기혈 양방 2촌, 쇄골하연, 천돌혈 옆 2촌	효능 : 흉통, 천식, 구토, 기침, 가슴, 폐, 기관지질환, 해수, 견갑통, 두통 미용 : 복부비만, 목주름 개선

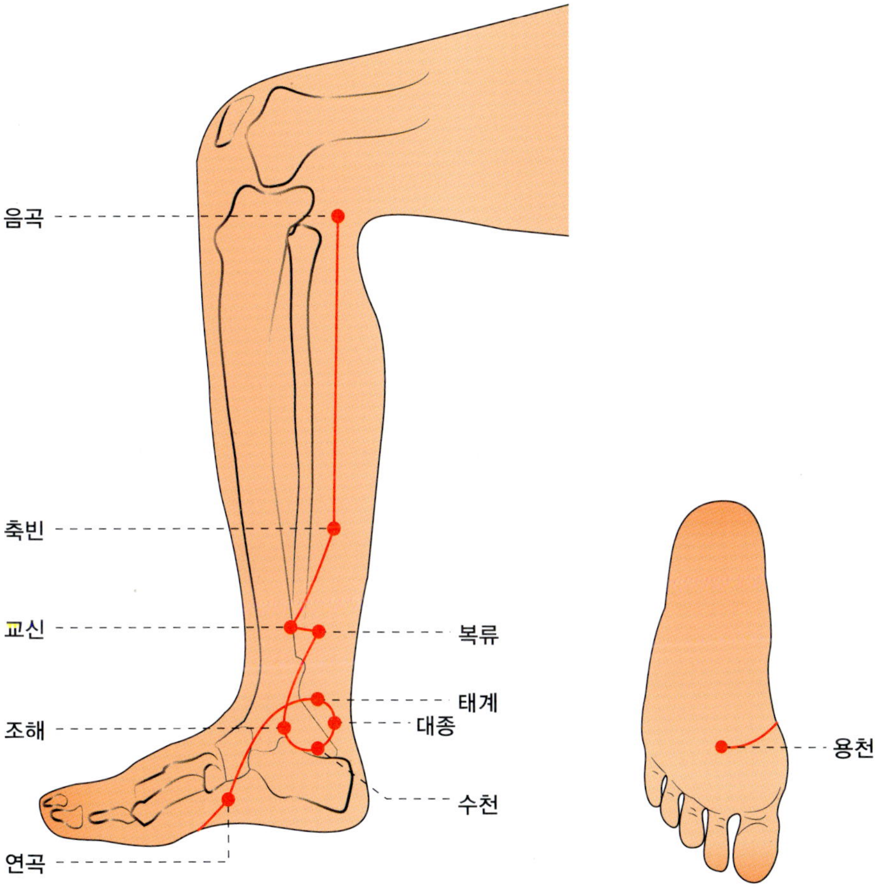

그림 1-13.(a) 족소음신경(足少陰腎經)

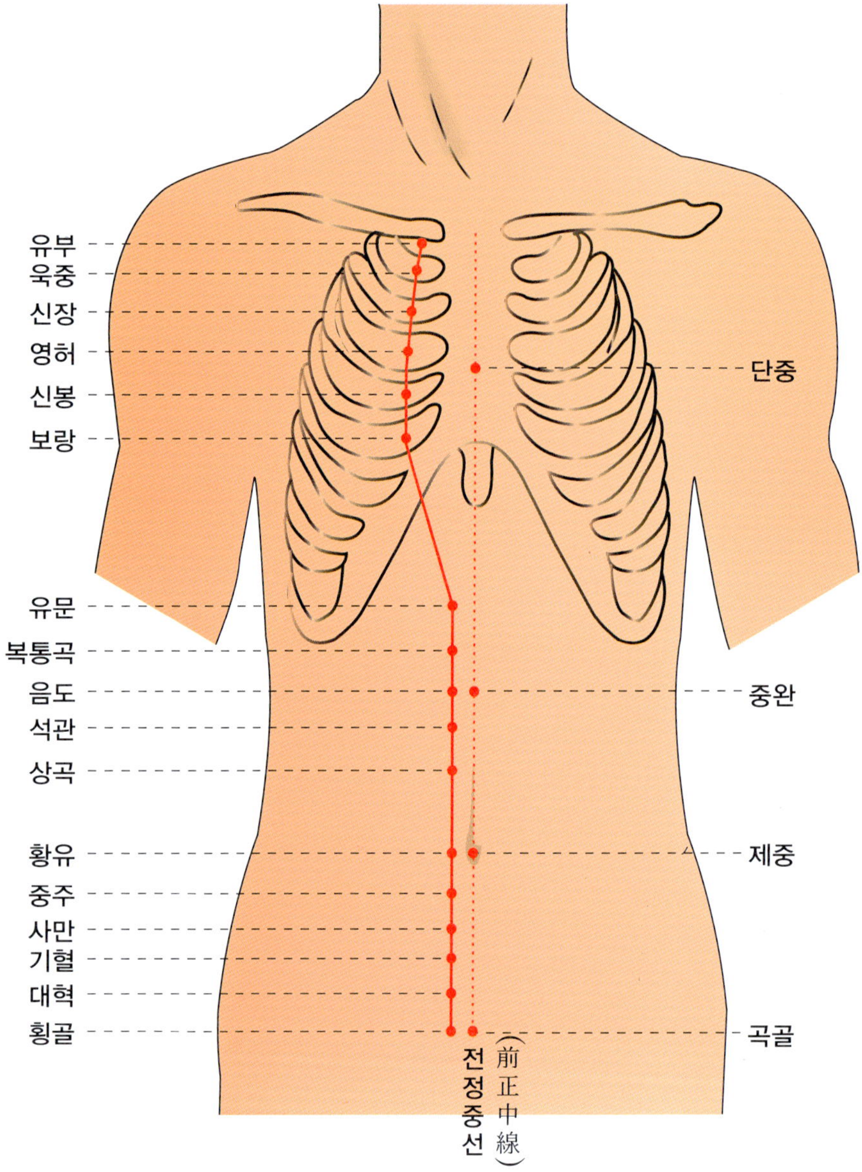

그림 1-13.(b) 족소음신경(足少陰腎經)

(9) 수궐음심포경(手厥陰 心包經)

삼초와 표리관계를 이루며 심장의 외부를 둘러싸고 있어 심장을 보호한다.

주치 : 가슴, 심장과 위의 질환 및 정신병 등

① 심포경의 소속경혈(시혈 : 천지 – 종혈 : 중충). 9혈 × 2

- 경혈 : 천지, 천천, 곡택, 극문, 간사, 내관, 대릉, 노궁, 중충
- 오행배속 특징 : 상화에 속하고, 기의 유주는 술시(戌時, 오후 19시~21시)

② 심포경의 유주순서

가슴에서 시작하여 심포에 속하고 삼초에 연락한다. 그 갈래가 가슴에서 나와서 겨드랑이를 지난 후에, 팔의 안쪽 중앙선을 따라 내려간 다음에 손바닥 가운데를 거쳐 중지 끝에 이른다. 손바닥에서 갈라져 나온 것은 넷째 손가락 끝으로 가서 수소양삼초경과 연결된다.

표 1-19 족소음신경의 혈위와 주치

순번	경혈명 (經穴名)	혈 위 (穴 位)	주 치 (主 治)
1	천지 (天地)	제 4늑간극, 유두 외측 1촌 부분	효능 : 흉협통, 기침, 천식, 부종, 유통, 흉늑동통, 소아경기, 설사, 심장병, 만성 소화불량 미용 : 여드름
2	천천 (天泉)	상완 이두근의 양두 사이	효능 : 심통, 흉협창통, 비통, 기침 미용 : 팔 비만, 여드름
3	곡택 (曲澤)	주관절 횡문 중앙, 팔꿈치 관절 앞 부분 정중앙	효능 : 심장 질환, 신열, 위통, 고혈압, 구토, 설사, 중풍, 팔꿈치 통증, 흉통, 두통 미용 : 안면홍조, 뾰루지, 화농성 여드름
4	극문 (隙門)	대릉혈과 곡택혈 사이 정중앙, 손목 선 위로 5촌, 두 힘줄 사이	효능 : 심통, 토혈, 객혈, 심계항진, 전간 미용 : 화농성 여드름
5	간사 (間使)	대릉혈 위 3촌, 손목 선 위로 3촌, 두 힘줄 사이	효능 : 열병, 간질, 심통, 심계항진, 학질, 위통, 구토, 놀라는 증상 미용 : 스트레스성 여드름

6	내관 (內關)	대릉혈 위 2촌, 손목 선 위로 2촌, 두 힘줄 사이	효능 : 구토, 호흡기질환, 소화기 질환, 심계항진, 불면증, 상지통, 복통, 어지러움, 오심, 열병, 불안감, 심장박동 및 심장질환, 두통, 치통 미용 : 안면홍조
7	대릉 (大陵)	손바닥측 손목 관절 횡문 중앙, 손목금 중앙, 두 힘줄 사이, 손목에 생기는 주름 중앙의 안쪽에 위치	효능 : 토혈, 홧병, 흉협통, 심통, 신경성 심계항진, 위통, 구토, 중풍, 고혈압, 근심, 호흡곤란, 경기, 심열, 두통 미용 : 여드름, 습진
8	노궁 (勞宮)	제2,3중수골 사이, 주먹을 쥐었을 때 중지 끝이 가리키는 곳, 가운데 손가락을 굽혔을 때 손톱이 손바닥에 닿는 곳	효능 : 구토, 구취, 불안, 정신병, 초조, 심장질환, 소화불량, 피로, 폐질환, 해수, 심계항진, 혈액순환장애 미용 : 여드름, 습진
9	중충 (中衝)	중지 손가락 손톱 요측1분처	효능 : 가슴이 답답함, 심통, 혼미, 열병, 더위 먹었을 때, 인사불성, 불안,초조, 흉통, 설강종통, 다몽

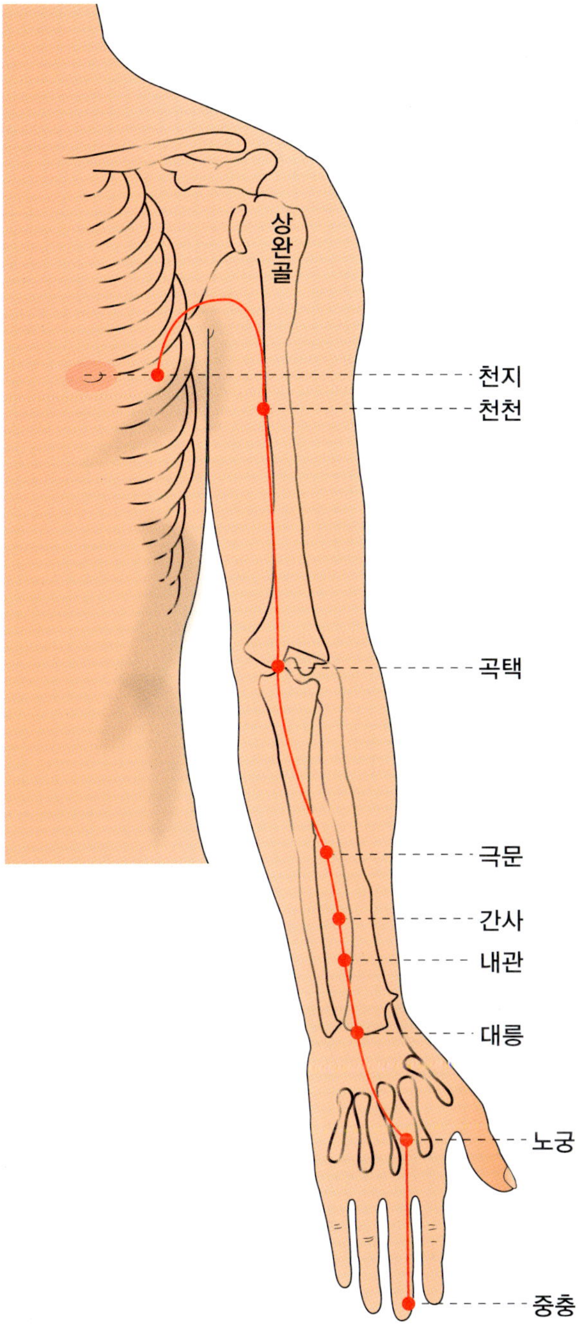

그림 1-14 수궐음심포경(手厥陰心包經)

(10) 수소양삼초경(手小陽三焦經)

심포와 표리관계를 이루며 인체의 영양물질이 육장육부로 들어가는 통로이다.

주치 : 머리, 귀, 눈, 목, 흉·협부의 질환과 열성 질환 등

① 삼초경의 소속경혈(시혈 : 관충 – 종혈 : 사죽공), 23혈 × 2

- 경혈 : 관충, 액문, 중저, 양지, 외관, 지구, 회종, 삼양락, 사독, 천정, 청냉연, 소락, 노회, 견료, 천료, 천유, 예풍, 계맥, 노식, 각손, 이문, 화료, 사죽공
- 오행배속 특징 : 상화에 속하고 기의 유주는 해시(亥時, 오후 21시~23시)에 속한다.

② 삼초경의 유주순서

넷째 손가락 외측 끝 관충혈에서 시작하여 손등 양지혈로 들어간 후에 지구혈로 나와서 팔꿈치 곡택혈을 거친 다음에 어깨 담경맥의 뒤로 나온 뒤에 목으로 올라가서 견정혈로 들어간 후에 쇄골 위 결분을 거쳐 귀 뒤를 끼고 올라간 다음에 귀 안쪽으로 나와서 다시 뺨으로 내려온 후에 콧마루로 간다. 또한, 귀 뒤에서 나온 다른 한 가닥은 귀 앞을 지나 사죽공 혈에서 다시 담경으로 흐른다.

표 1-20 수소양삼초경의 혈위와 주치

순번	경혈명 (經穴名)	혈 위 (穴 位)	주 치 (主 治)
1	관충 (關衝) *정혈	제4지 손가락 손톱 척측 1분처	효능 : 두통, 중풍, 편도선염, 수족마비, 인후염, 이롱, 눈 충혈과 통증, 열병, 혼미, 인사불성, 천식, 경련
2	액문 (液門)	무명지와 소지 사이, 중수관절 앞 오목한 부위	효능 : 두통, 이롱, 인후염, 눈 충혈과 통증, 학질 미용 : 건성 피부, 피지막 형성 안될 때
3	중저 (中渚)	액문혈 뒤 1촌, 주먹을 쥐었을 때, 제 4-5 중수골 소두 뒤 함몰처	효능 : 두통, 이명, 이롱, 인후염, 열병, 인후염, 손가락을 펴지 못할 때, 귀의 질환, 편두통

4	양지 (陽地) *원혈	완관절 손등 면 중앙, 손등 부분 척골 경상 돌기의 앞 함몰처	효능 : 당뇨병, 이롱, 인후염, 학질, 손목통증, 호흡곤란, 천식, 두통, 귀머거리, 견갑통, 이질, 원기부족 미용 : 기미, 주근깨, 이명, 비만
5	외관 (外關)	양지혈 위 2촌	효능 : 감기, 두통, 열병, 편두통, 이명, 눈 충혈과 통증, 이롱, 협늑통, 팔의 통증, 약지손가락의 감각 둔화, 청각장애, 수족마비, 견갑통, 천식, 반신불수 미용 : 승모근 경직에 의한 순환장애로 인한 비만
6	지구 (支溝)	양지혈 위 3촌, 요골과 척골 사이	효능 : 언어곤란, 구토, 흉협통, 협늑통, 이명, 이롱, 열병, 변비 미용 : 여드름, 뾰루지
7	회종 (會宗)	지구혈에서 척골쪽 1촌	효능 : 이롱, 전간, 상지비통 미용 : 화농성 여드름
8	삼양락 (三陽絡)	양지혈 위 4촌, 요골과 척골 사이	효능 : 이롱, 상지비통, 치통 미용 : 부종, 팔저림증
9	사독 (四瀆)	팔꿈치 아래 5촌, 요골과 척골 사이	효능 : 이롱, 치통, 상지비통, 인후염 미용 : 부종
10	천정 (天井) *합혈	팔꿈치를 굽혔을 때 상완골의 위로 1촌	효능 : 편두통, 전간, 연주창, 이롱, 요통, 두통, 림프선, 하지무력, 팔꿈치통증 미용 : 안면부종
11	청냉연 (淸冷淵)	주두 상방 천정혈 위 1촌, 팔을 굽히고 천정혈 위로 1촌	효능 : 편두통, 상지비통
12	소락 (消濼)	팔꿈치 위 천정혈 위로 5촌	효능 : 두통, 치통, 견비통, 목덜미가 뻐근할 때 미용 : 팔의 지방 분해
13	노회 (臑會)	견료혈 직하 3촌, 팔굽 끝과 견료혈의 연결선에서 견료혈 밑 3촌	효능 : 상지동통 미용 : 소름 피부
14	견료 (肩髎)	견봉혈 외측 뒷면의 함몰처	효능 : 견비통, 상지불수, 견갑통, 목병, 견비통, 후두통, 편두통 미용 : 삼각근의 경직으로 인한 비만
15	천료 (天髎)	견정혈과 곡원혈의 중간, 곡원혈 위로 1촌 되는 곳	효능 : 목이 뻣뻣할 때, 견비통 미용 : 피지막 형성이 안 될 때

16	천유 (天牖)	천용혈과 천주혈의 중간, 유양돌기 뒤쪽 아래 발제처	효능 : 두통, 목덜미가 뻐근할 때, 이롱 미용 : 안면부종
17	예풍 (翳風)	유양돌기 앞쪽 아래 귓불 뒤 함몰처, 귀볼 뒤쪽의 오목한 곳	효능 : 이명, 이롱, 구안와사, 치통, 입이 안 열릴 때, 청각장애, 안면마비, 치통, 아래턱의 신경통 미용 : 탈모, 안면부종, 여드름
18	계맥 (瘈脈)	유양돌기 상연으로 예풍혈 뒤의 위로 1촌	효능 : 두통, 이통, 이명, 소아경풍 미용 : 여드름
19	노식 (顱息)	예풍혈과 각손혈의 이륜이 만나는 곳의 위 1/3되는 곳	효능 : 두통, 이통, 이명, 소아경풍 미용 : 여드름
20	각손 (角孫)	귀의 위쪽 끝 부위에 해당되는 곳의 발제처	효능 : 치통, 뺨 부위 부종, 목덜미가 뻐근할 때 미용 : 얼굴 부종, 여드름, 탈모, 얼굴 처짐 방지
21	이문 (耳門)	이주 위쪽의 앞 오목한 부위	효능 : 이명, 치통, 두통, 이롱, 귀질환, 입이 안 열릴 때, 눈병 등에 이용 미용 : 피부색을 맑게, 습진
22	화료 (和髎)	이문혈 전상방 5촌, 귀밑머리 뒤	효능 : 두통, 이명 미용 : 농포성 여드름
23	사죽공 (絲竹工)	눈썹 끝 부분의 함몰처	효능 : 시력저하, 두통, 편두통, 결막염, 눈 충혈과 통증, 치통, 안검경련, 현기증, 안면마비, 눈꺼풀 경련 미용 : 피부윤기 부여, 주름 개선

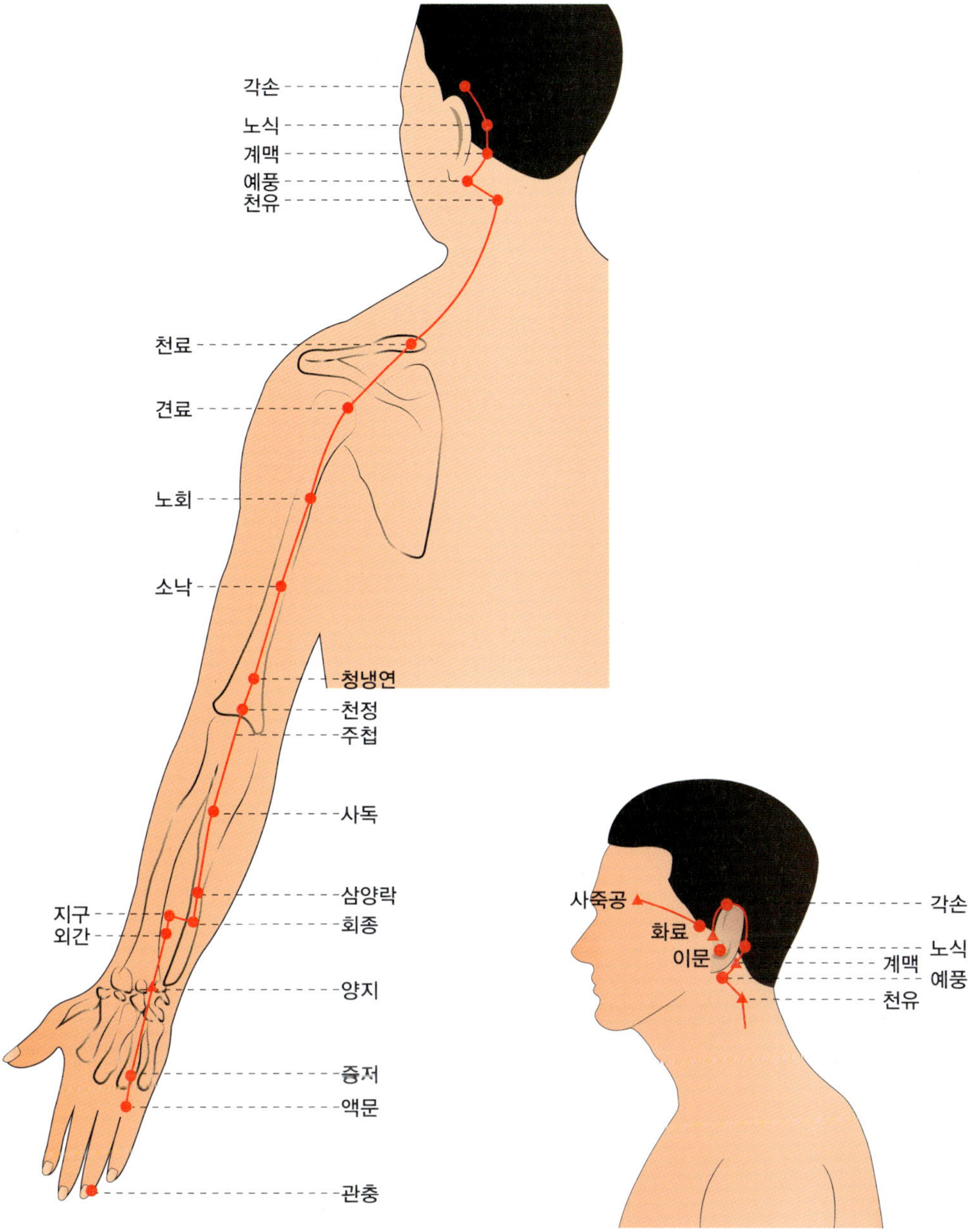

그림 1-15 수소양삼초경(手小陽三焦經)

(11) 족소양담경(足素養膽經)

간과 표리관계를 이루며 간으로부터 분비된 담즙을 저장, 농축하는 일을 담당한다.

주치 : 머리, 눈, 귀, 코, 인후와 흉경부의 질환 및 여성 질환

① 족소양담경의 소속경혈(시혈 : 동자료 – 종혈 : 족규음), 44혈×2

· 경혈 : 동자료, 청회, 태양, 함염, 현로, 현리, 곡빈, 솔곡, 천충, 부백, 두규음, 완골, 본신, 양백, 두임읍, 목창, 정영, 승령, 뇌공, 풍지, 견정, 연액, 첩근, 일월, 경문, 대맥, 오추, 유도, 거료, 환도, 풍시, 중독, 족양관, 양릉천, 양교, 외구, 광명, 양보, 현종, 구허, 족임읍, 지오회, 협계, 족규음

· 오행배속 특징 : 목(木)에 속하고 춘(春)기와 통하며, 자시(子時, 오후 23~오전 1시)에 속하며 간장과 표리관계이다.

② 족소양담경의 유주순서

눈의 외측 모서리 동자료혈에서 시작하여 청회혈을 지나 태양혈을 거쳐 측두부의 함염혈로 올라갔다가 귀 뒤에 있는 완골로 들어가서 이마의 양백혈을 거친 후에 두임읍을 지난다. 이어서 풍지혈을 시작으로 목을 따라 내려와 어깨의 견정혈에서 제 4늑간 연액혈을 거쳐 허리의 경문혈을 지난 후, 대퇴부의 외측연을 따라 내려와 넷째 발가락 외측 모서리의 족규음혈로 흐른다.

표 1–21 족소양담경의 혈위와 주치

순번	경혈명 (經穴名)	혈 위 (穴 位)	주 치 (主 治)
1	동자료 (瞳子髎)	눈 꼬리 끝 함몰처	효능 : 시력저하, 눈질환, 목적동통, 두통 미용 : 눈을 맑게, 눈꼬리 및 안면 주름 완화
2	청회 (聽會)	귀 앞쪽의 귓불과 평행한 곳의 함몰처	효능 : 치통, 귓병, 이롱, 이명, 귀, 눈, 중풍, 수족마비 미용 : 안면홍조
3	상관 (上關)	협골궁 상연의, 입을 벌릴 때 함몰처	효능 : 이명, 이롱, 편두통, 구안와사, 치통 미용 : 눈 주변 주름제거

4	함염 (頷厭)	두유혈과 곡빈혈 연결선 위로 1/4의 저작근 시작부위	효능 : 편두통, 이명, 치통, 전간, 목현 미용 : 거친 피부
5	현로 (懸顱)	함염혈과 현리혈의 중간, 두유혈과 곡빈혈의 중점	효능 : 편두통, 치통, 눈충혈 및 통증 미용 : 두피 속의 열제거, 탈모, 손상모
6	현리 (懸厘)	현로혈 아래 1촌,	효능 : 편두통, 치통, 눈충혈 및 통증 미용 : 두피 속의 열제거, 탈모, 손상모
7	곡빈 (曲鬢)	귀 위쪽 끝과 귀 앞 직선의 교차점	효능 : 편두통, 입을 못 벌릴때 미용 : 기미, 피지분비조절, 여드름
8	솔곡 (率谷)	귀 위 1.5촌, 이첨에서 곧게 올라가 머리 난 곳 쪽 1.5촌	효능 : 편두통, 소아경기, 현훈 미용 : 대머리, 탈모, 눈병, 눈을 맑게
9	천충 (天衝)	이근 뒷면으로 곧게 올라가 머리 난 곳에 2촌 들어간 곳	효능 : 두통, 전간, 잇몸통 미용 : 두통, 잇몸병, 간질, 어지럼증
10	부백 (浮白)	천충혈 후하방 1촌, 이근에서 상연으로 뒤로 머리 난 곳에 1촌 들어간 곳	효능 : 두통, 이명, 목통, 귀의 염증(이롱) 미용 : 열성여드름
11	두규음 (頭竅陰)	완골혈 위 침골아래	효능 : 두통, 이롱, 이명
12	완골 (完骨)	유양돌기 뒤쪽 아래 함몰처	효능 : 두통, 이롱, 이명
13	본신 (本神)	신정혈 옆으로 3촌, 두유혈과 신정혈의 연결선에서 내측 2/3 지점	효능 : 두통, 간질, 현기증, 소아경기
14	양백 (陽白)	동공과 수직선상의 눈썹위 1촌	효능 : 두통, 안면신경마비, 눈과 위쪽 뼈의 통증, 안면마비, 눈꺼풀 경련, 인사불성, 정신병, 불면증 미용 : 눈꺼풀처짐방지, 주름완화
15	두임읍 (頭臨泣)	눈 위쪽 발제에서 0.5촌 들어간 곳	효능 : 두통, 코막힘, 목현, 소아경풍
16	목창 (目窓)	두임읍혈 뒤로 1.5촌	효능 : 두통, 코막힘, 목적종통, 면부부종, 간질 미용 : 눈 아래 떨림증
17	정영 (正營)	목창혈 뒤로 1촌	효능 : 두통, 치통, 목현

18	승령 (承靈)	정영혈 뒤로 1.5촌	효능 : 두통, 어지럼증, 코피, 코막힘, 눈의 통증
19	뇌공 (腦空)	풍지혈 뒤로 1.5촌	효능 : 두통, 현훈, 전간, 경항강통
20	풍지 (風池)	완골혈과 천추혈의 중간	효능 : 두통, 고혈압, 시력저하, 어지럼증, 중풍, 이명, 눈 충혈 및 통증, 열병, 목 근육 긴장, 독감, 귓병, 경추염좌, 파킨슨증후군, 간질, 인후통, 구안와사, 담석, 신경통, 인사불성, 치통, 안면 근육마비 미용 : 탈모, 여드름, 얼굴부종
21	견정 (肩井)	제 7번 경추의 극돌기에서 견갑골 뒷부분의 중앙	효능 : 중풍, 상지불수, 어깨통증, 목의 통증과 뻣뻣한 증상, 류머티즘, 유방질환 미용 : 어깨비만
22	연액 (淵腋)	겨드랑이 밑으로 3촌, 액중선에서 제 4늑간극에 해당	효능 : 오한, 상지비통, 가래톳이 설 때, 흉막염
23	첩근 (輒筋)	겨드랑이 밑 3촌, 앞(중앙 부분)으로 1촌, 연액혈 앞 1촌, 제 4늑간극	효능 : 가슴이 그득함, 구토, 협통, 천식, 침 흘릴 때
24	일월 (日月) *모혈	유두 밑 7, 8 사이의 늑간	효능 : 구토, 황달, 협늑통, 담질환 미용 : 기미, 피지분비과다
25	경문 (京門) *신의 모혈	제 12늑골 하단(끝) 복부 옆면	효능 : 배뇨곤란, 수종, 협통, 요통, 복창, 설사, 간 · 담질환, 척추질환 미용 : 수종, 허리 군살제거
26	대맥 (帶脈)	11늑골 끝과 장골능의 중간점, 제 11늑골단 밑으로 배꼽과 수평을 이루는 곳	효능 : 월경불순, 냉대하, 소복통, 요통, 협통, 허리와 다리통증, 후두질환, 방광, 대장질환, 생식기질환, 좌골신경통 미용 : 피부탄력저하, 허리선의 불균형
27	오추 (五樞)	대맥혈 밑으로 3촌	효능 : 복통, 대하, 변비, 산기 미용 : 대퇴부의 셀룰라이트제거
28	유도 (維道)	장문혈 밑으로 5촌	효능 : 복통, 대하, 산기, 음정 미용 : 대퇴부비만
29	거료 (居髎)	중극 양방으로 5촌	효능 : 요통, 산기, 하지마비 미용 : 복부비만

30	환도 (環跳)	고관절 대전자 앞 함몰처	효능 : 좌골신경통, 요통, 하지마비, 둔부 및 하퇴 통증, 발뒷꿈치 동통, 고관절,무릎관절통, 두통, 눈병, 견갑통, 장질환, 옆구리 통증 미용 : 비만, 엉덩이 처짐 예방
31	풍시 (風市)	자연스럽게 대퇴부 옆면에 손을 내렸을 때 중지 끝이 닿는 곳	효능 : 하지통, 전신소양증, 대퇴부분의 감각둔화, 좌골 및 대퇴신경통, 두통, 수족경련, 고관절통, 중풍
32	중독 (中瀆)	풍시혈 밑으로 2촌	효능 : 하지불수, 하지동통 미용 : 엉덩이 처짐 예방
33	슬양관 (膝陽關)	양릉천혈 위로 3촌, 대퇴골 외과상 위 오목한 부위	효능 : 요퇴통, 반신불수, 무릎관절통, 근육통, 담석통, 눈병, 귓병, 견갑통, 편두통 미용 : 종아리살제거
34	양릉천 (陽陵泉) *합혈	무릎 밑 외측으로1촌	효능 : 흉협통, 구토, 소아경풍, 황달, 하퇴부 경련, 마비증상, 염좌, 좌골 신경통, 반신불수, 무릎관절통, 근육통, 눈병, 귓병, 담석통, 견갑통, 편두통 미용 : 변비로 인한 복부비만
35	양교 (陽交)	외측 복사뼈 위로 7촌, 하지 외측 중간	효능 : 가슴이 그득하고 조임, 하지불수, 신경통, 요통, 전광, 반신불수, 중풍, 발목통증, 무릎관절통 미용 : 비염증성 여드름
36	외구 (外丘) *극혈	양교혈 앞으로 3분처, 외측 복사뼈 위로 6촌	효능 : 흉협창만, 전광, 하지불수 미용 : 비만
37	광명 (光明)	외측 복사뼈 위로 5촌	효능 : 목통, 하지비위, 유방창통, 야맹증 미용 : 눈을 맑게
38	양보 (陽輔) *경혈	외측 복사뼈 위로 4촌	효능 : 편두통, 겨드랑이통증, 인후염, 눈외각의 통증 미용 : 비만, 세시방연소
39	현종 (懸鐘)	외측 복사뼈 위로 3촌	효능 : 머리와 목의 통증, 가슴이 그득하고 조임, 치질, 요통, 신경통, 반신불수, 무릎관절통, 중풍, 발저림, 발목통증 미용 : 다리부종
40	구허 (坵墟) *원혈	외측 복사뼈 전 · 하방의 함몰처	효능 : 가슴이 그득하고 조임, 흉곽근육통증, 발목염좌 미용 : 상복부비만

41	족임읍 (足臨泣) *유혈	발등 제 4, 5중족골 결합부위의 함몰처	효능 : 눈의 충혈과 통증, 협늑통, 월경불순, 유뇨, 요통, 족부동통, 발목통증, 관절통, 견갑통
42	지오회 (地五會)	족임읍혈 밑으로 1촌, 제 4,5중족골 사이 소지 신근건의 안쪽	효능 : 두통, 이명, 흉통, 족배동통 미용 : 비만, 가슴탄력
43	협계 (峽谿)	발등부위 제4지와 5지 사이	효능 : 두통, 눈이 흐리고 어지러움, 이명, 이롱, 협늑동통, 열병 미용 : 종아리살제거
44	족규음 (足竅陰) *정혈	제 4지 발톱 외측 옆으로 0.1촌, 넷째 발톱 끝	효능 : 두통, 인후염, 이론, 열병, 불면증, 협통, 월경불순, 맥박이상, 인사불성, 심장병, 황달, 담낭염 등 미용 : 소름피부, 기미

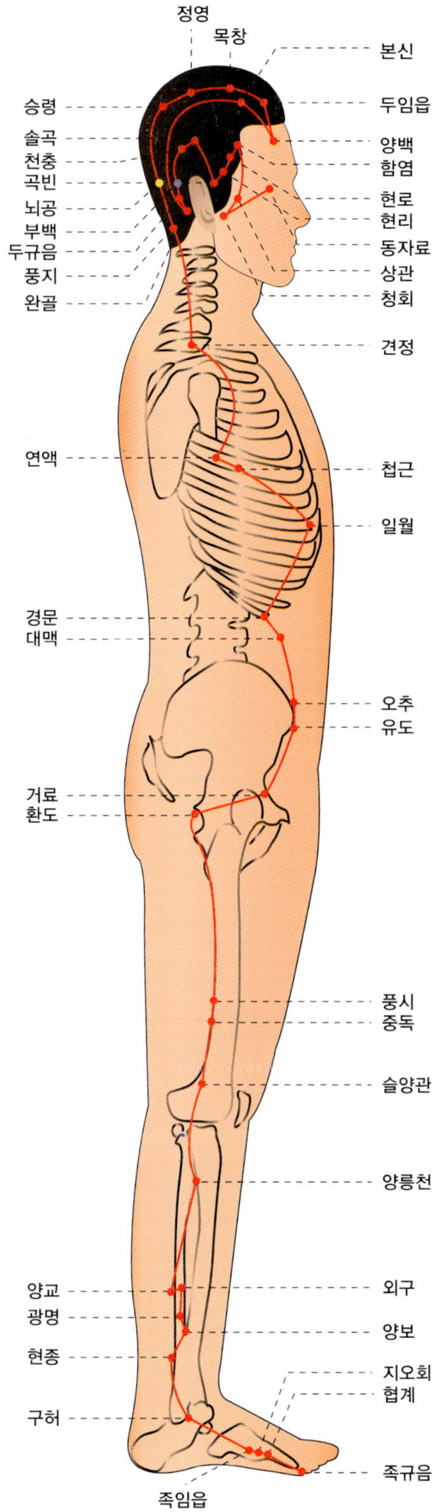

그림 1-16
족소양담경(足素養 膽經)

(12) 족궐음간경(足厥陰肝經)

담경과 표리관계이며 혈액을 저장하고 혈액의 양을 조절하며 담즙을 생산한다.

주치 : 임신, 비뇨기와 장질환

① 간경의 소속경혈(시혈 : 태돈 – 종혈 : 기문), 14혈 × 2

- 경혈 : 태돈, 행간, 태충, 중봉, 여구, 중도, 슬관, 곡천, 음포, 족오리, 음렴, 급맥, 장문, 기문
- 오행배속 특징 : 목(木)에 속하고 춘(春)기와 통하며, 축시(丑時, 오전 1~3시)에 속하며 간장과 표리관계이다.

② 족궐음간경의 유주순서

엄지발가락 발톱 외측 태돈 혈에서 시작하여 발등을 따라 올라가서 안쪽 복사뼈 아래 중봉혈을 거쳐 무릎 안쪽 슬관혈에 이른다. 이어서 대퇴부를 따라 올라가 음모 있는 곳으로 들어간 후에 생식기를 거쳐 아랫배로 올라간 다음에 위를 끼고 간에 속하고 장문혈을 거쳐 기문혈로 흐른다.

표 1-22 족궐음간경의 혈위와 주치

순번	경혈명 (經穴名)	혈 위 (穴 位)	주 치 (主 治)
1	태돈 (太敦) *정혈	엄지발톱 외측 옆으로 0.1촌	효능 : 자궁출혈, 자궁하수, 산기, 간질환, 인사불성, 유뇨, 하혈, 경폐, 간질,복통, 시력장애, 소화불량, 생식기질환, 심계항진, 설사, 변비 미용 : 기미
2	행간 (行間) *형혈	발등 부분 엄지발가락과 둘째 발가락 사이	효능 : 야뇨증, 눈질환, 중풍, 불면증, 두통, 협통, 월경불순, 월경통, 배뇨 곤란, 간질환, 소화불량, 고혈압
3	태충 (太衝) *원혈	발등 제 1, 2중족골 결합부 앞 함몰처	효능 : 소변백탁, 자궁출혈, 배뇨곤란, 생리불순, 협통, 어지럼증, 유뇨, 소아경풍, 고혈압, 전간, 족배통, 감정억제, 두통, 담낭질환, 간질환, 급 · 만성 위장질환 미용 : 탈모, 기미, 미백, 홍조, 부종

4	중봉 (中封) 경혈	해계혈과 상구혈의 중간, 내측 복사뼈 앞으로 1촌	효능 : 요통, 고환염, 배뇨곤란, 산기, 발목관절통증, 유정 미용 : 비만, 발목부위비만 및 부종
5	여구 (蠡溝)	내측 복사뼈 위로 5촌, 경골 내측면의 중앙	효능 : 배뇨곤란, 유뇨, 월경불순, 발기부전 및 성욕과다 미용 : 비만, 비복근경직
6	중도 (中都) *극혈	내측 복사뼈 위로 7촌, 경골 내측 중앙	효능 : 복통, 하혈, 설사, 산기 미용 : 종아리 비만
7	슬관 (膝關)	무릎 밑으로 2촌 음릉천혈 후방 1촌	효능 : 무릎관절 동통
8	곡천 (曲泉) *합혈	무릎 굽혔을 때 대퇴 후면 내측 주름이 끝나는 부분 위	효능 : 아랫배 통증, 배뇨곤란, 근무력, 유정, 무릎통증, 빈혈, 눈병, 생식기 질환, 월경통, 월경불순, 자궁하수 미용 : 대퇴부 비만
9	음포 (陰包)	무릎 위로 4촌, 대퇴골 내상과 위로 4촌	효능 : 복통, 배뇨곤란, 유뇨, 월경불순
10	족오리 (足五里)	기충혈 아래로 3촌 동맥 이 잡히는 곳, 곡골 옆으로 3촌	효능 : 아랫배 통증, 고환종통, 소변불통, 다리동통, 생식기질환
11	음렴 (陰廉)	기충혈 아래로 2촌 동맥 잡히는 곳, 곡골 옆 2촌	효능 : 월경불순, 대하, 아랫배 통증 미용 : 탄력저하
12	급맥 (急脈)	곡골혈 양방으로 2.5촌, 치골결합부 양방으로 2.5촌	효능 : 산기, 아랫배 통증, 여성 생식기질환 미용 : 배가 붓고 가스가 찰 때
13	장문 (章門) 비의 모혈	제 11늑골 끝	효능 : 복창, 협통, 설사, 구토, 피로, 원기 부족 미용 : 상복부비만
14	기문 (期門) 간의 모혈	거궐혈 양방으로 3.5촌, 유두직하, 6, 7늑골 사이의 아래	효능 : 간질환관련 증상, 발열증상, 협통, 시력이상, 빈혈, 영양불량, 폐렴, 기관지염 미용 : 기미

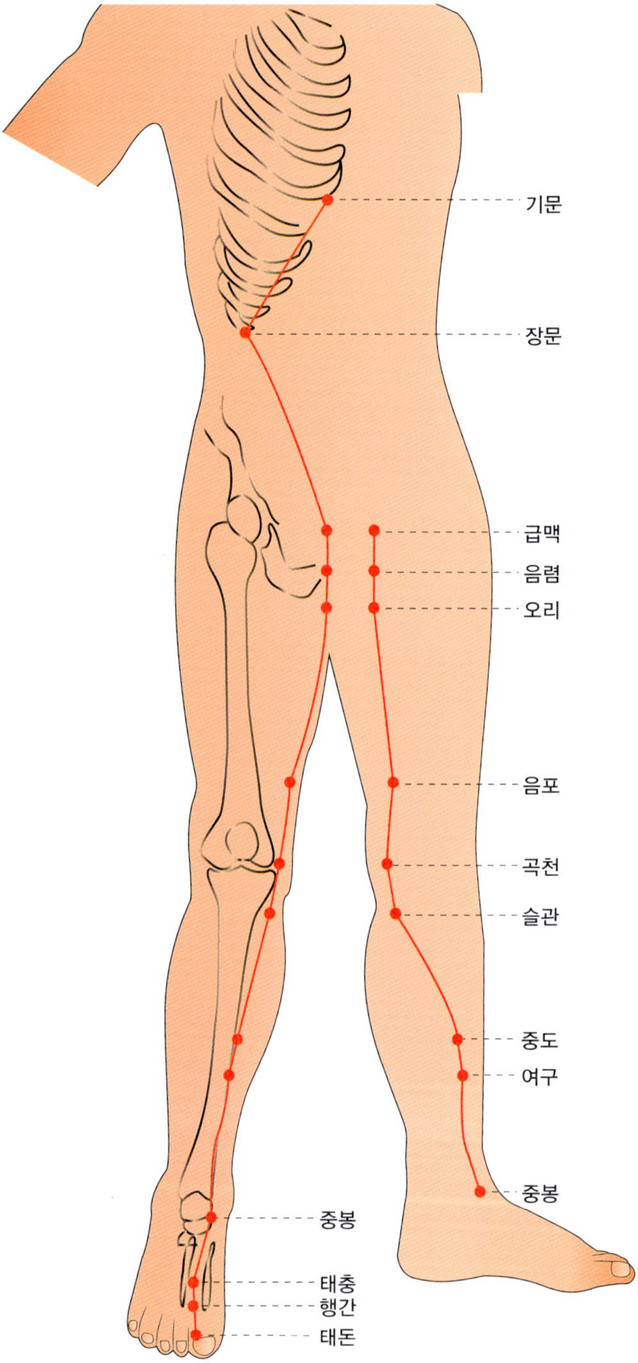

그림 1-17 족궐음간경(足厥陰 肝經)

(13) 독맥(督脈)

인체의 뒷면 정중선을순행하며 임맥과 교회하여 양경의 기혈을 통솔하고 감독한다. 신에 속하고 뇌와 척수를 자양하고 정신활동에 관여한다.

주치 : 신경계, 호흡계, 소화기, 비뇨 생식기, 근·골격계 질환, 열성질환

① 독맥의 소속경혈(시혈 : 장강 – 종혈 : 은교), 단혈 28혈

· 경혈 : 장강, 요유, 요양관, 명문, 현추, 척중, 중추, 근축, 지양, 영대, 신도, 신주, 도도, 대추, 아문, 풍부, 뇌호, 강간, 후정, 백회, 전정, 신회, 상성, 신정, 소료, 수구, 태단, 은교

② 독맥의 유주순서

미골 끝 장강혈에서 시작하여 회음부를 거쳐 척추속을 따라 위로 올라가 도도혈과 대추혈에서 족삼양경과 만난다. 이어서 아문혈을 지나 풍부혈에서 뇌와 연결하고 올라가 백회혈을 지나 입술 속 잇몸 안쪽의 중앙부(은교혈)에 머문다.

표 1–23 독맥의 혈위와 주치

순번	경혈명 (經穴名)	혈 위 (穴 位)	주 치 (主 治)
1	장강 (長强)	미골 끝 아래 0.5촌, 미골 끝과 항문 사이의 중점	효능 : 설사, 빈혈, 변비, 치질, 전광, 음낭습진, 정신분열증
2	요유 (腰兪)	제2요추 아래쪽	효능 : 이질, 복통, 소화불량, 다리 냉증
3	요양관 (腰陽關)	제4요추 극돌기 밑	효능 : 월경불순, 요통, 유정, 발기부전, 류머티즘, 좌골신경통, 관절염, 하지마비
4	명문 (命門)	제2요추 극돌기 밑	효능 : 월경불순, 유정, 요척통, 양위, 설사, 요통, 허리 삔 데, 척수질환, 급성위증 미용 : 기미, 주근깨, 여드름, 모발건조
5	현추 (懸樞)	제1요추 극돌기 밑	효능 : 설사, 복통, 요배신경통, 신장염, 이질, 위장냉증 미용 : 건성 피부, 피부탄력 저하, 기미

6	척중 (脊中)	제11흉추 극돌기 밑	효능 : 설사, 황달, 치질, 전간, 황달, 소아 영양실조, 감기, 만성간염, 소아 탈항
7	중추 (中樞)	제10흉추 극돌기 밑	효능 : 황달, 복통, 구토, 위통, 시력감퇴, 허리와 등의 통증, 담낭염
8	근축 (筋縮)	제9흉추 극돌기 밑	효능 : 전간, 척통, 위통, 늑막염, 전간, 허리 신경통, 히스테리, 늑간신경통 미용 : 기미, 피부탄력 저하
9	지양 (至陽)	제7흉추 극돌기 밑	효능 : 황달, 기침, 가슴통증, 기침, 기관지염, 척배통, 폐렴, 천식, 위통, 담낭염, 간염
10	영대 (靈臺)	제6흉추 극돌기 밑	효능 : 기침, 천식, 정창, 옆구리와 등의 통증, 기관지염, 폐렴, 위통
11	신도 (神道)	제5흉추 극돌기 밑	효능 : 기침, 천식, 전간, 뇌신경쇠약, 열성 질환, 뇌일혈, 옆구리와 등의 통증, 미용 : 비듬, 기미, 주근깨, 여드름
12	신주 (身柱)	제3흉추 극돌기 끝	효능 : 뇌 · 척추 질환, 호흡기 질환, 히스테리 미용 : 기미, 비듬
13	도도 (陶道)	제1흉추 극돌기 밑	효능 : 두통, 열병, 학질, 정신분열증, 몸이 굽혀지지 않을 때 미용 : 비듬, 여드름, 기미
14	대추 (大椎)	제7경추 극돌기 밑	효능 : 열병, 학질, 기침, 천식, 식은땀,두통, 항강, 전간, 풍진, 폐기종, 정신분열증, 인후염 미용 : 비듬, 기미, 여드름, 검버섯, 노화 예방
15	아문 (瘂門)	후발제 정중앙선에서 위로 1촌	효능 : 두통, 어지럼증, 목덜미가 뻐근할 때, 실음, 인후종통, 중풍, 뇌출혈 극심한 화로 인한 광증, 뇌막염
16	풍부 (風府)	뒷목의 발제에서 1촌 들어간 곳에서 아래로 1.5촌	효능 : 두통, 풍사, 오한, 땀, 양기조절 미용 : 탈모
17	뇌호 (腦戶)	풍부혈 위로 1.5촌	효능 : 두통, 실음 ,현훈, 전간증, 목덜미 뻣뻣함, 불면증
18	강간 (强間)	뇌호혈 위로 1.5촌	효능 : 두통, 항강, 현기증, 전광, 소아경기
19	후정 (後頂)	강간혈 위로 1.5촌	효능 : 두통, 어지럼증, 감기, 전광, 불면, 뇌일혈

20	백회 (白會)	두부 정중앙선, 후발제 위로 7촌, 이첨(耳尖)에서 곧게 올라가 두부중앙선과 교차점	효능 : 두통, 어지럼증, 전광, 중풍실어, 탈홍, 불면증, 유뇨, 쇼크, 고혈압, 어지러움 미용 : 모발성장, 흰머리, 손상모, 탈모, 피부윤택, 여드름
21	전정 (前頂)	백회열 앞 1.5촌	효능 : 두통, 어지러움, 간질, 소아경풍, 부종, 머리의 풍증
22	신회 (顖會)	전발제 정중앙에서 위로 2촌	효능 : 두통, 전간, 현훈, 어지러움, 소아 경련, 비염
23	상성 (上星)	전발제 전 중앙에서 위로 1촌	효능 : 두통, 비염, 눈의 통증, 코피, 학질, 열병, 극심한 화로 인한 광증 미용 : 모발윤택
24	신정 (神庭)	전발제 전 중앙에서 위로 0.5촌	효능 : 두통, 불면증, 간질, 어지럼증, 비염, 정신질환 미용 : 이마 주름
25	소료 (素髎)	코끝의 정중앙	효능 : 천식, 코피, 혼미, 저혈압, 비염, 신생아질식, 경풍, 쇼크
26	수구 (水溝)	인중구에서 위 1/3 되는 곳	효능 : 전광, 혼미, 소아경풍, 구안와사, 뇌출혈, 당뇨병, 뇌빈혈, 옆구리 통증, 히스테리, 얼굴풍증, 정신분열증 미용 : 여드름, 안면근육경직, 안면부종
27	태단 (兌端)	윗입술 끝부분, 입술과 피부의 연접부위	효능 : 잇몸 출혈, 잇몸통, 치은염, 구토, 구내염
28	은교 (齦交)	윗입술 주름띠와 잇몸의 연접부위	효능 : 잇몸 동통, 비염, 전광, 구내염, 치통출현, 정신질환

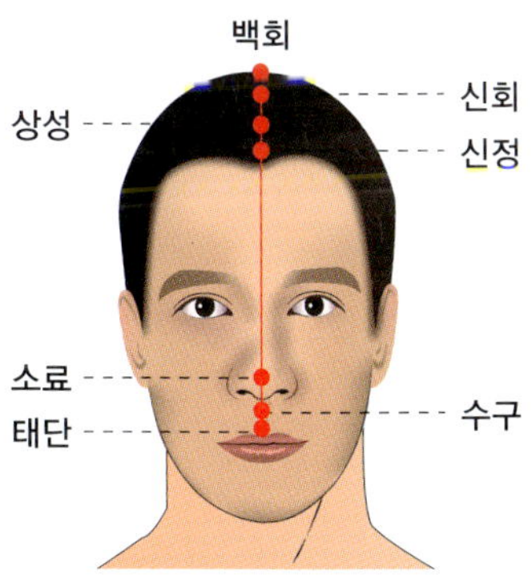

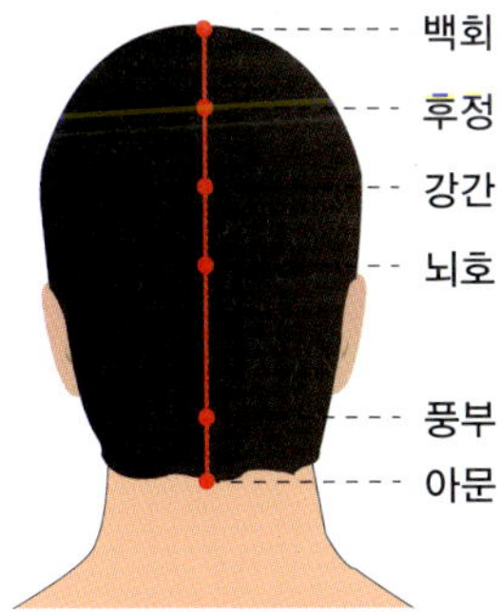

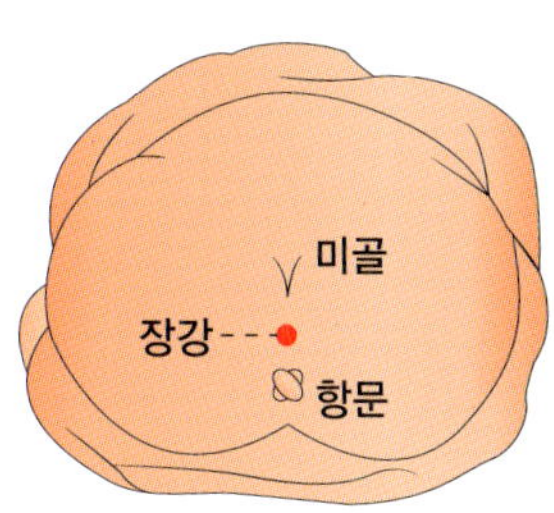

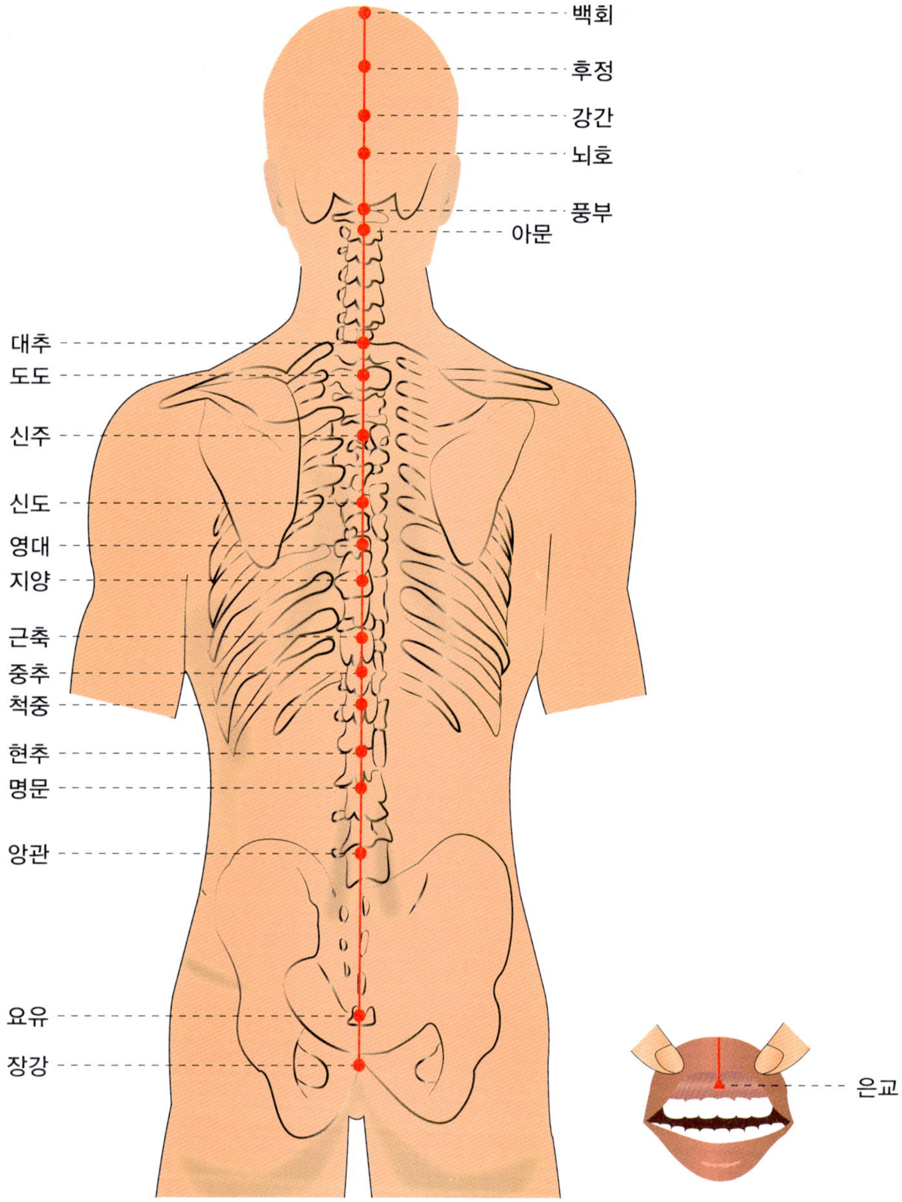

그림 1–18 독맥(督脈)

(14) 임맥(任脈)

임맥은 인체의 앞면 정중선을 순행하며 독맥과 교회하고, 모든 음경의 총체가되며 생식과 성장, 발육에 중요한 역할을 감당하면서 임신을 주관한다.

주치 : 신경계, 호흡기, 소화기, 비뇨생식기질환, 한성 질환 및 임맥이 통과하는 안면부, 경부, 인후부, 흉부, 복부, 회음부의의 병증을 주치한다.

① 임맥의 소속경혈(시혈 : 용천- 종혈 : 수부), 단혈 24혈

· 경혈 : 회음, 곡골, 중극, 관원, 석문, 기해, 음교, 신궐, 수분, 하완, 건리, 중완, 상완, 거궐, 구미, 중정, 전중, 옥당, 자궁, 화개, 선기, 천돌, 염천, 승장

② 임맥의 유주순서

외생식기 회음혈에서 시작하여 음부 위를 거쳐 복부와 흉부 정중선을 따라 상승하면서 배꼽의 신궐혈을 거쳐 인후를 통해 올라가 입술을 감싸고 눈 밑으로 들어간다.

표 1-24 임맥의 혈위와 주치

순번	경혈명 (經穴名)	혈 위 (穴 位)	주 치 (主 治)
1	회음 (會陰)	항문의 사이	효능 : 월경불순, 요도염, 전립선염, 음부통증 미용 : 수종
2	곡골 (曲骨)	비뇨생식기와 항문 사이의 중점	효능 : 배뇨곤란, 치질, 월경불순, 유정, 전광, 혼미, 방광마비, 자궁내막염, 고환염
3	중극 (中極) *방광의 모혈	배꼽 아래 4촌	효능 : 유뇨, 배뇨곤란, 유정, 월경불순, 불임, 신장염, 대하과다, 자궁경련, 좌골신경통 미용 : 아랫배 비만, 여드름, 기미
4	관원 (關元) *소장경의 모혈	배꼽 아래 3촌	효능 : 빈뇨, 설사, 복통, 유정, 불임증, 월경불순, 발기부전, 비뇨생식기질환, 신장염, 자궁염, 류머티즘 미용 : 전신비만, 주름개선, 피부탄력, 피부윤택, 전신부종

5	석문 (石門) *삼초경의 모혈	배꼽 아래 2촌	효능 : 복통, 배뇨곤란, 설사, 월경과다, 유선염, 수종, 부종, 무월경, 맹장염, 비뇨생식기 질환 미용 : 아랫배비만
6	기해 (氣海)	배꼽 아래 1.5촌	효능 : 복통, 변비, 설사, 유뇨, 유정, 산기, 월경불순, 하초의 냉허, 몽정, 신경쇠약, 발육부진, 비뇨생식기질환 미용 : 탈모, 손상모, 모발성장, 비만, 기미, 주름개선, 피부윤택
7	음교 (陰交)	배꼽 아래 1촌	효능 : 복통, 수종, 월경불순, 대하, 자궁탈수, 부종, 산통 미용 : 턱 주변 여드름, 부종에 의한 복부비만
8	신궐 (神闕)	배꼽 중앙	효능 : 복통, 설사, 탈항, 허탈증, 수종, 급 · 만성장염, 복부팽창, 습관성 유산, 장협착으로 인한 쇼크 미용 : 주름개선, 기미, 피부윤택
9	수분 (水分)	배꼽 위로 1촌	효능 : 수종, 복통, 설사, 소변불통, 복부 팽창, 두통, 구토, 복막염 미용 : 아랫배 지방제거, 수분으로 인한비만
10	하완 (下脘)	배꼽 위로 2촌	효능 : 복통, 복창, 구토, 설사, 소화불량, 위통, 위하수, 남녀생식기 질환, 만성위장병 미용 : 복합성피부
11	건리 (建里)	배꼽 위로 3촌	효능 : 위통, 구토, 복창, 식욕부진, 수종, 급 · 만성위염, 구토, 심통, 소화불량, 위궤양, 위하수 미용 : 수종
12	중완 (中脘) *위경의 모혈	배꼽 위로 4촌	효능 : 위통, 위하수, 구토, 복창, 황달, 설사, 탄산(呑酸), 위염, 위궤양, 중초의 모든 증세, 극심한 화로 인한 광증 미용 : 여드름, 비만, 상복부비만, 기미, 주근깨
13	상완 (上脘)	배꼽 위로 5촌	효능 : 위통, 복창, 구토, 전간, 위하수, 위염, 위산과다, 위경련, 어지럼증
14	거궐 (巨闕) *심경의 모혈	배꼽 위로 6촌	효능 : 흉통, 구토, 심계, 탄산, 위경련, 횡경막경련, 협심증, 정신병, 극심한 화로 인한 광증 미용 : 상복부 비만

15	구미 (鳩尾)	검상돌기(劍狀突起) 밑 배꼽 위로 7촌	효능 : 흉통, 복창, 심통, 전광, 상초의 병, 정신질환, 편도선염, 천식 미용 : 여드름
16	중정 (中庭)	심와부, 흉골과 검상돌기 결합부 중앙	효능 : 심통, 구토, 천식, 구토, 식도협착, 흉협창만, 위산과다
17	전중 (膻中) *심포경의 모혈	가슴의 양 유두 사이	효능 : 가슴울혈, 늑간신경통, 늑막염, 유선염 미용 : 기미, 주근깨, 주름개선, 여드름, 빈약한 유방
18	옥당 (玉堂)	전 정중앙선 제 3 늑간	효능 : 기침, 천식, 구토, 흉통, 늑막염, 폐기종, 기관지염
19	자궁 (紫宮)	전 정중앙선 제 2늑간극	효능 : 기침, 천식, 늑막염, 흉협통, 기관지확장증, 식도협착, 폐결핵
20	화개 (華蓋)	선기 아래 1촌 함요처	효능 : 기관지염, 천식, 인후염, 늑간신경통
21	선기 (璇璣)	전 정중앙선, 흉골병의 중앙	효능 : 기침, 천식, 인후종통, 천식, 흉통, 만성 기관지염, 식도경련, 분문경련
22	천돌 (天突)	흉골상와의 중앙	효능 : 기침, 천식, 흉통, 폭음, 얼굴 충혈, 인후염, 기관지천식, 식도경련, 성대질환, 갑상선염
23	염천 (廉泉)	턱과 후두결절의 중간부위 함몰처	효능 : 혀 밑 통증, 혀가 굳어 발음 불량, 폭음, 기관지염, 갑상선염, 천식, 인후염, 언어장애 미용 : 이중턱 군살제거, 부종, 목선 군살제거
24	승장 (承漿)	아래턱과 아래입술 중앙의 함몰처	효능 : 구와, 잇몸통, 폭음, 얼굴신경마비, 중풍, 목의 경직, 언어장애 미용 : 입가주름개선

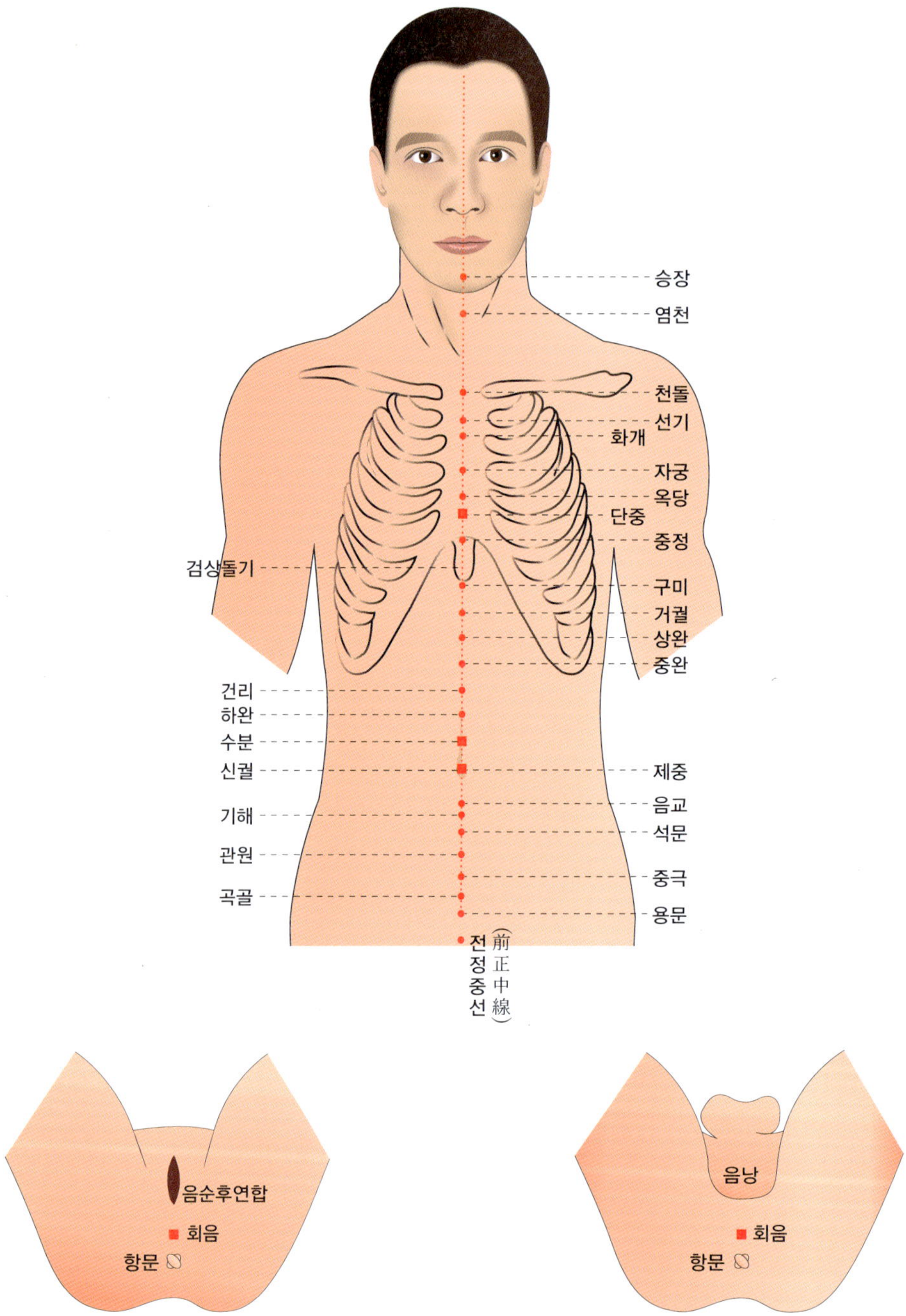
승장
염천
천돌
선기
화개
자궁
옥당
단중
중정
검상돌기
구미
거궐
상완
중완
건리
하완
수분
신궐
제중
기해
음교
석문
관원
중극
곡골
용문
전정중선(前正中線)
음순후연합
회음
항문
음낭
회음
항문

그림 1-19 임맥(任脈)

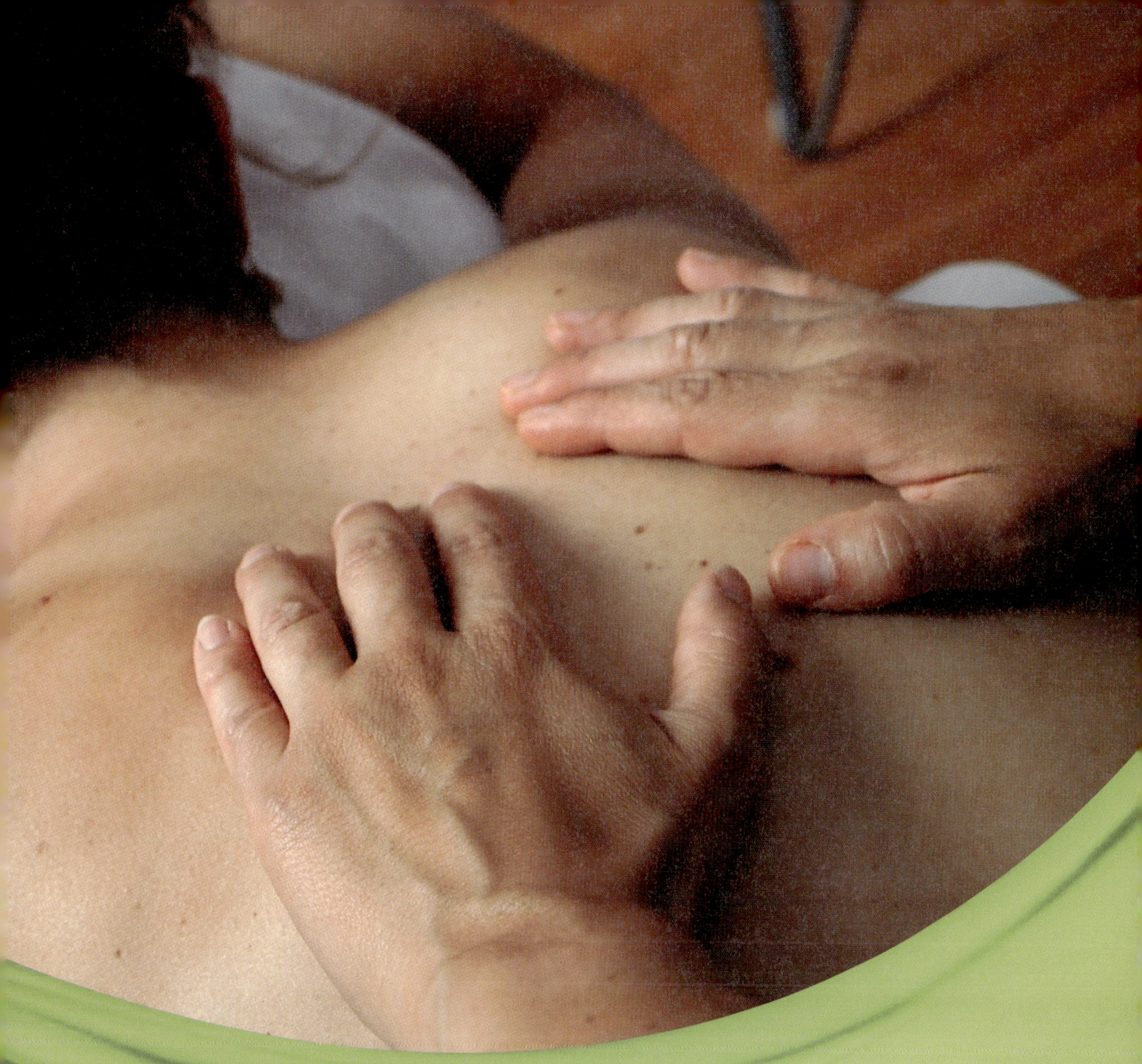

한국형 특수관리
실습편

1. 한국형 피부관리의 이해
2. 한국형 피부관리의 목적
3. 한국형 피부관리 수행 시 포인트
4. 한국형 피부관리 시 관리사의 마음가짐
5. 한국형 피부관리 시 주의사항
6. NCS에 기반을 둔 한국형 피부관리
7. 한국형 피부관리 수행 시 사용하는 부위

한국형 피부관리의 실제적인 관리

PART 2 한국형 특수관리 실습편

한국형 특수관리 실습에 앞서

한국형 특수관리는 지압 위주의 한방경락관리 방법과 부드러운 스웨디시 테크닉을 조합하여 한국인의 정서에 맞게 한국인이 가지고 있는 고유의 기술을 접목시켜 개발한 한국 고유의 특수기법이다. 한방에서의 지압은 강하게 들어가지만 한국형 특수관리에서는 에너지포인트점이라고 하며, 부드럽게 누르면서 흐르듯이 지나가는 방법을 사용하고 있다. 스웨디시 기법과 함께 병행하여 시술하므로 신진대사를 촉진시키고 혈액순환 및 림프 순환을 도우며 근육이완과 독소배출 효과로 건강이 증진된다.

1. 한국형 특수관리 실습입문

(1) 한국형 특수관리의 목적

한국형 특수관리는 아름답고 건강하게 살기 위해 질병을 예방하는 데에 그 목적이 있다. 따라서 한의학에서의 치료점(에너지포인트점)인 주요혈의 위치를 정확하게 파악하고 관리하는 것이 필요하다.

(2) 한국형 특수관리 수행시 포인트

전신에는 365개의 혈점(穴点, 에너지포인트점)이 분포되어 있다. 그 중 기시혈과 종지혈, 모혈, 손목·발목 등 관절부위에 위치한 혈점(에너지포인트점), 등에 위치한 유혈(수혈), 눌렀을 때 효과가 있는 주치혈의 위치 및 명칭을 정확히 아는 것이 중요하다.

한국형 특수관리의 포인트는 인체에 흐르고 있는 경맥(에너지흐름)의 위치와 경혈점(에너지포인트점)을 정확하게 아는 것이 중요하고, 테크닉 수행시 고객이 관리 받고 있을 당시의 몸 상태에 맞게 테크닉을 구사한다.

(3) 한국형 특수관리시 관리사의 마음가짐

인체는 영혼을 담고 있는 그릇이며 대우주의 축소판이기도 하여 소우주라고 불릴 만큼 신비로운 대상이다. 한방학을 깊이 들어가면 들어갈수록 인체의 경이로움에 감탄할 수밖에 없다. 5,000년 중국 역사와 함께 연구된 한의학을 피부미용 영역에서 조금이나마 함께 나눌 수 있다는 것은 행운이기도 하다. 그러한 면에서 인체를 연구하고 아름답게 하는 일들은 숭고한 직업이라고 생각된다.

한방미용경락(에너지흐름)관리를 수행할 때 관리사의 태도는 자부심과 자신감을 갖고 고객의 인격을 존중하며, 고객의 몸을 소중하게 다루어야 한다.

(4) 한국형 특수관리시 주의사항

① 식사 후 1시간 전에는 하지 않는다.

② 너무 강하게 하지 않는다.

③ 경혈점(에너지포인트점)을 강하게 눌러 멍들게 하지 않는다.

④ 고객의 피부가 '문제성 피부' 일 때 얼굴관리는 하지 않는다.

⑤ 수술 후의 환자에게는 실시하지 않는다.

⑥ 정맥류가 심한 부위에는 실시하지 않는다.

⑦ 몸이 쇠약하여 에너지가 없는 사람에게는 하지 않는다.

⑧ 임산부에게는 하지 않는다.

⑨ 생리 중에는 하지 않는다.

⑩ 질병이 있는 사람에게는 의사와 상의한 후 실시하도록 한다.

(5) 한국형 특수관리 수행시 손바닥의 부위별 명칭

테크닉을 수행하기 위해서는 사용하는 손과 팔의 부위별 명칭을 알아야 한다.

① **주첨(肘:尖)** : 팔꿈치 뼈의 끝부분으로 팔을 굽혔을 때 팔꿈치의 가장 뾰족하게 튀어나온 뼈 끝부위를 말한다. 주로 소장경의 천종혈이나 담경의 환도혈을 누를 때 사용한다.

② **척부(尺膚)** : 팔꿈치와 팔목 사이의 안쪽 피부부위를 말한다. 등 관리나 하지후면의 넓은 부위를 쓰다듬기 동작을 수행할 때 사용한다.

③ **모지구(母指球)** : 모지(엄지)쪽 손바닥 바깥쪽 측면을 말한다.

④ **소지구(小指球)** : 소지(애지)쪽 손바닥 바깥쪽 측면을 말한다. 견갑골 파기나 고타법 수행할 때 사용한다.

⑤ **수근(手筋)** : 손바닥의 윗면 두툼한 근육부위를 말한다. 몸의 넓은 부위를 깊게 쓰다듬기할 때 사용한다.

⑥ **수공(手空)** : 노궁혈이 위치하고 있는 손바닥에 오목하게 들어간 부위를 말한다. 주로 장압을 수행할 때 사용한다.

⑦ **수장(手掌)** : 손바닥의 중수골끝과 손가락뼈끝이 서로 만나는 관절부위의 두툼한 부위를 말한다. 깊게 쓰다듬기 동작을 수행할 때 사용한다.

⑧ **지첨(指尖)** : 지단이라고도 한다. 손가락의 맨 끝을 말한다. 고타법이나 좁은 곳을 누를 때 사용한다.

⑨ **지두(指頭)** : 손가락의 머리라고 하며 손끝 바로 밑의 넓은 부위를 말한다. 주로 누르기 동작을 수행할 때 사용한다.

⑩ **지복(指腹)** : 손가락의 가장 넓은부위를 말한다. 주로 쓰다듬기 동작을 수행할 때 사용한다.

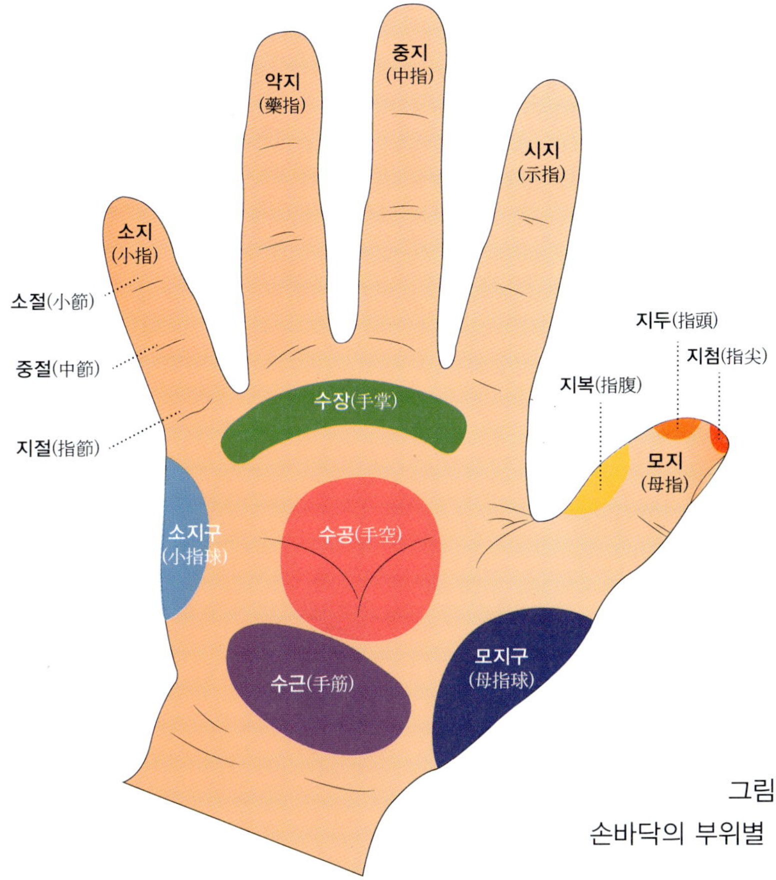

그림 2-1
손바닥의 부위별 명칭

2. 한국형 특수관리의 실제

1. 안면관리

(1) 안면관리를 수행하기 위한 경맥 및 경혈점

① 족태양방광경 : 정명, 찬죽, 미충, 곡차

② 족양명위경 : 승읍, 사백, 거료, 지창, 대영, 협거, 하관, 인영, 수돌, 기사

③ 수양명대장경 : 영향, 화료, 부돌, 천정

④ 수태양소장경 : 천창, 천용, 권료, 청궁

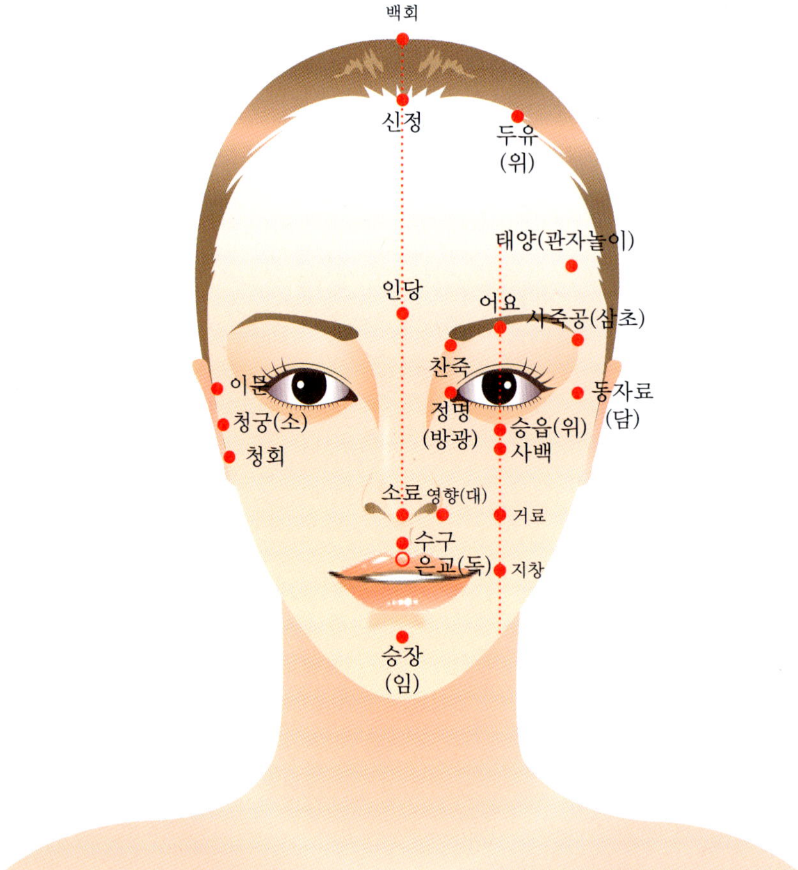

그림 2-2
안면에 위치한 경혈점

표 2-1 얼굴에 분포된 기시혈과 종지혈

족3양경	기시혈	종지혈	수3양경	기시혈	종지혈
족양명위경	승읍	여태	수양명대장경	상양	영향
족소양담경	동자료	족규음	수소양삼초경	관충	사죽공
족태양방광경	정명	지음	수태양소장경	소택	청궁
독맥	장강	은교	임맥	회음	승장
족3양경은 얼굴에서 시작하여 몸통을 지나 발가락 끝에서 끝난다.			수3양경은 손끝에서 시작하여 팔 외측을 지나 얼굴에서 끝난다.		

(2) 실제적인 안면관리

안면에는 14개의 경맥 중 족양명 위경·족소양 담경·족태양 방광경·독맥의 기시혈과, 수양명 대장경·수태양 소장경·수소양 삼초경·임맥의 종지혈이 분포되어 있는 곳이다.

몸의 다른부위와 마찬가지로 안면 역시 내장의 건강상태를 나타낸다. 한방안면미용관리시 내장의 변이를 잘 파악하여 관리해주면 피부문제가 많이 호전될 수 있다.

한방 안면관리를 시작할 때는 데콜테(décolleté : 가슴·어깨·등을 통칭하는 프랑스어)를 풀어주어 림프 순환을 돕고, 경추를 풀어준 후 경부 전면의 근육을 풀어주고 시작한다.

1) 준비단계

① 에너지포인트점 관리하기

- 승장 → 지창 → 영향 → 거료, 권료 → 정명 → 찬죽 → 어요 → 사죽공 → 승읍, 사백 → 동자료 → 태양 지그시 누르기
- 인당누른 후 인당과 상성사이를 모지복으로 쓸어올린 후 신정 → 상성 → 백회 지그시 누르기
- 청회 → 청궁 → 이문을 지그시 누른 후 귓바퀴 뒤로 가서 예풍을 지그시 누른다.

② 오일 도포하기

- 오일 도포하기는 관리사의 손을 소독한 후 시행한다.
- 관리사는 본인의 손바닥을 비벼 따뜻히게 한 후 오일을 손비닥에 덜서 사용한다.

2) 데콜테 관리 단계

① 액와 림프풀기

- 양쪽 액와 부위에 손을 올려놓고 지긋이 눌러준다.

② 임맥 풀기

- 단중혈을 장지복으로 살살 풀어준 후 임맥을 따라 올라와서 승장을 지긋이 누른다.

③ 데콜테 쓰다듬기

- 손바닥 전체를 이용하여 풀어준다.
- 꽃받침 만들기(파도) 테크닉을 이용하여 풀어준다.

④ 데콜테 마찰하기

- 삼지복을 이용하여 중심에서부터 밖으로 나선형을 그리며 나간 후에 액와를 쓸어준다.
- 지과를 이용하여 반대쪽으로 간 후 쓰다듬기로 제자리에 온다.

⑤ 비틀기

- 삼지복을 이용하여 지그재그 형태로 근육을 가볍게 비틀어 준다.
- 쓰다듬기로 마무리하고 액와를 가볍게 풀어준다.

⑥ 어깨(견봉) 풀기

- 어깨를 두 손으로 감싸고 돌리면서 풀어준다.
- 수근과 지과를 이용하여 삼각근을 풀어준다.
- 쇄골을 중심에 두고 바깥 방향으로 가볍게 쓸어준다.(마무리 림프 배농단계)

3) 승모근 풀기 단계

① 승모근의 상태를 파악한 후 모지복을 이용하여 누르고 훑어준다.

② 모지복을 이용하여 안에서 밖으로 쓸어준다.

③ 좌우 한쪽씩 승모근을 3등분하여 모지를 이용하여 집중하여 풀어준다.

④ 지과를 이용하여 깊게 쓰다듬기를 한다.

4) 경추 및 경부 관리 단계

① 후두근 풀어주기를 한다.(전체 쓰다듬기)

② 어깨 돌리기한 후 삼지복을 이용하여 경추 양면(방광경라인)을 두 손으로 지그재그 풀어준다.

③ 삼지복을 양쪽 경추 옆으로 붙인 후 깊게 쓰다듬기를 한다.

④ 아문, 풍부, 풍지, 예풍, 청회를 지긋이 눌러준다.

⑤ 목을 최대한 반대편으로 돌린 후 경부 쓰다듬기를 한다.

⑥ 경부에 흐르는 위경, 대장경, 소장경를 차례로 쓸어준다.(양쪽)

⑦ 모지복을 이용하여 나선형을 그리면서 경부근육을 풀어준다.(양쪽)

⑧ 머리를 똑바르게 한 후 경부 전체를 쓸어올린다.

다음 그림에 실습한 테크닉을 순서대로 정리하시오.

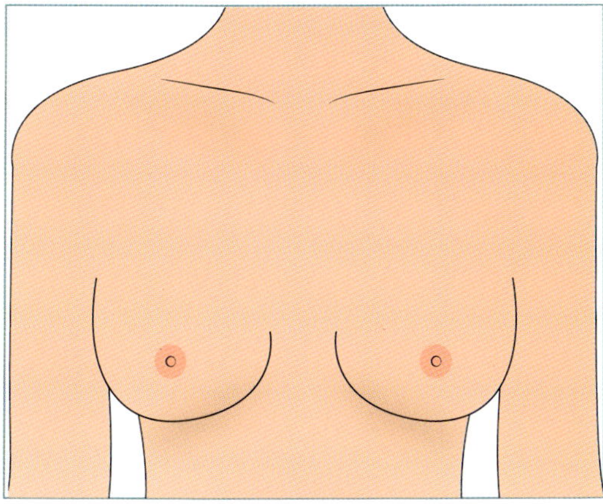

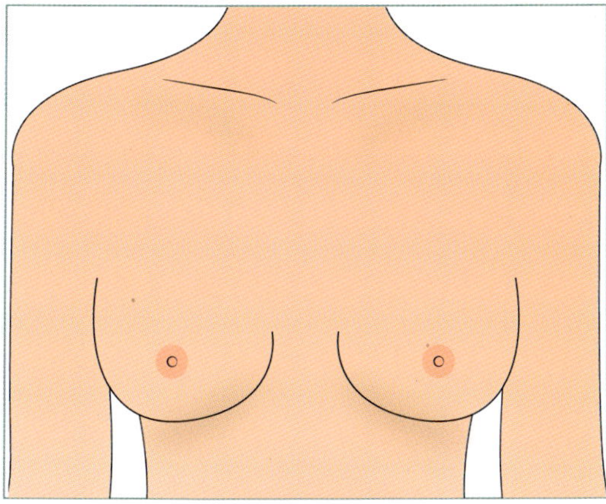

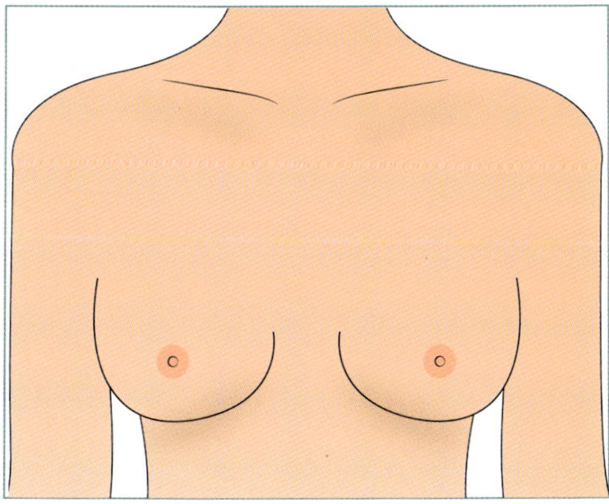

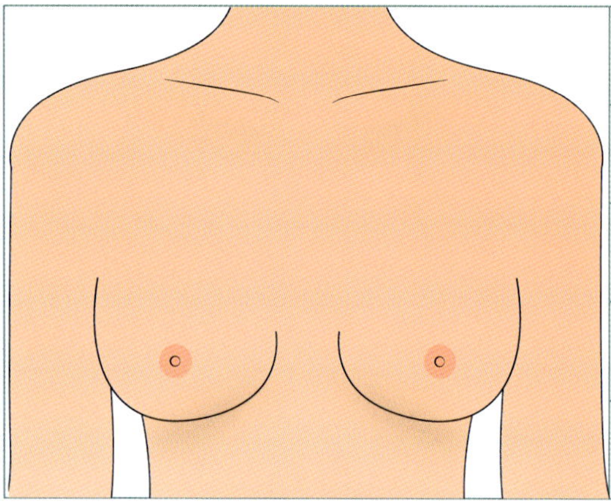

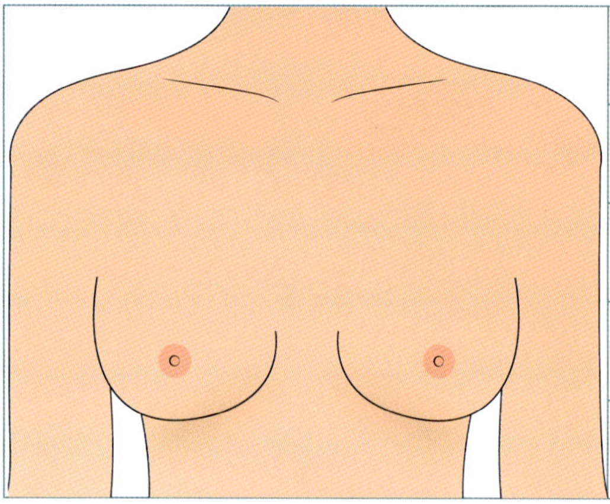

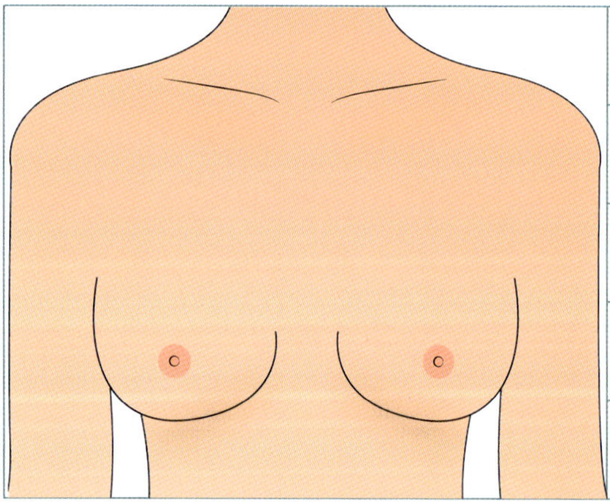

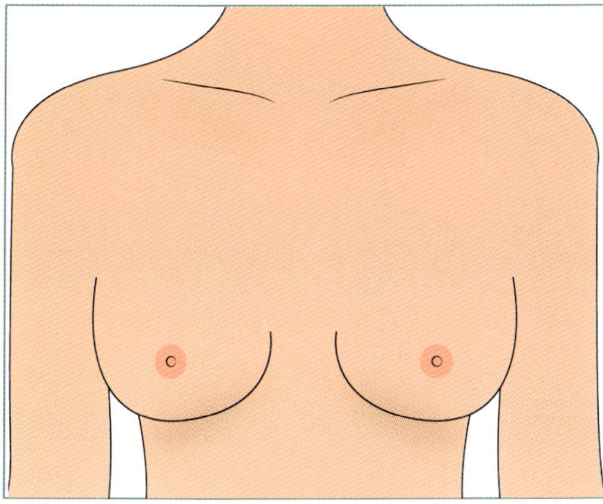

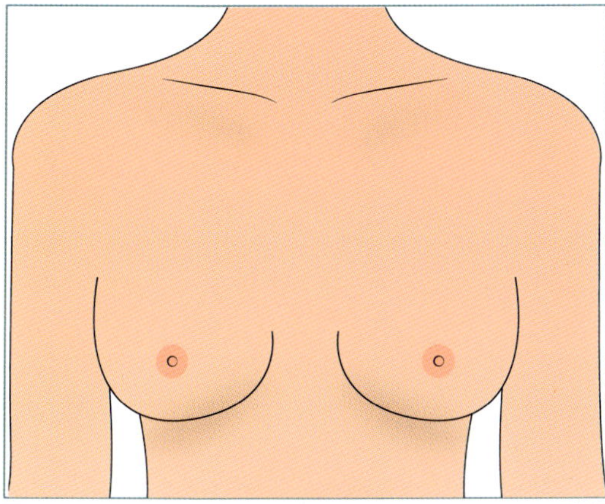

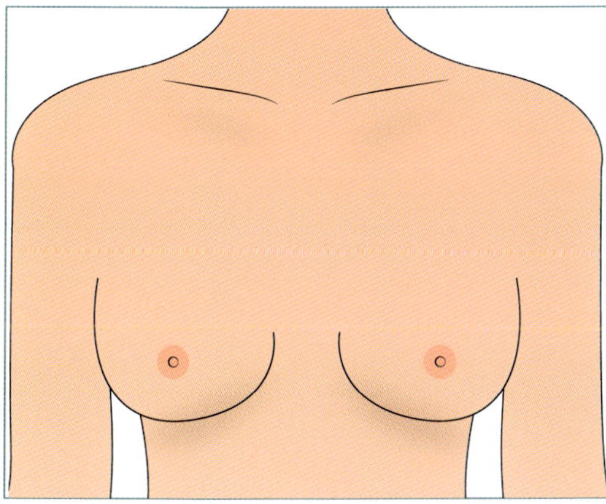

5) 안면관리 테크닉

얼굴 전체를 아래, 중간, 윗부분으로 3등분하여 3회 안에서 밖으로 쓰다듬어 준 후에 시작한다.

테크닉과 테크닉 사이에 쓰다듬기를 해준다.

① 승장 누른 후 나선형으로 청회까지 가서 청회 누르기
지창 누른 후 나선형으로 청궁까지 가서 청궁 누르기
영향 누른 후 나선형으로 태양(관자놀이)까지 가서 태양 누르기

② 승장에서 청회까지 사선으로 수장사지를 이용하여 쓸어 올린다.
지창에서 청궁까지 사선으로 수장사지를 이용하여 쓸어 올린다.
영향에서 태양까지 사선으로 수장사지를 이용하여 쓸어 올린다.

③ 승장, 지창, 영향을 지그시 누른 후 검지·중·약지의 지두를 이용하여 영향, 거료, 권료를 누른 후 바깥방향으로 쓸어준다.(광대뼈 밑 림프 심술보관리)

④ 얼굴 전체를 한번 쓰다듬기하고 이마로 올라간다.

⑤ 수장사지를 이용하여 이마 쓰다듬기를 한다.(쓰다듬기 후 태양을 눌러준다)

⑥ 인당을 모지복으로 지그시 누른 후 임맥을 쓸어 올려주기를 한다.

⑦ 이마를 눈썹 부위부터 시작하여 헤어라인 선까지의 부위를 나누어서 모지복을 이용하여 안에서 밖으로 쓸어준 후 태양에 가서 지그시 눌러준다.

⑧ 지과를 이용하여 이마 근육을 풀어준다.

⑨ 동자료에서부터 눈 주변을 밖에서 안으로 6회 돌린 후 정명 → 찬죽 → 어요 → 사죽공 → 태양을 누른 후 눈썹을 집어서 훑어준다.

⑩ 정명 → 승읍 → 구후 → 동자료 순으로 지그시 눌러준 후 눈밑 부위를 안에서 밖으로 쓸어준다.

⑪ 눈 주위를 사지복으로 가볍게 두드려준다.

⑫ 영양혈을 누른 후 삼지복으로 광대뼈를 훑어 올려서 귀 뒤로 빼낸다.

⑬ 지창을 누른 후 삼지복을 이용하여 청궁까지 가서 눌러준다.

⑭ 승장을 누른 후 삼지복을 이용하여 청회까지 가서 눌러준다.

⑮ 볼 쓰다듬기 1회 한 후 부채 테크닉한다.

⑯ 볼 전체를 사지 단으로 가볍게 두드려 준 후 턱을 쓰다듬기한다.

⑰ 턱을 6회 쓰다듬기한 후 청회를 눌러준다.

⑱ 지과를 이용하여 나선형으로 마찰한다.

⑲ 지과 사이에 턱선을 넣고 중앙선에서 바깥쪽으로 훑어서 청회까지 간다.

⑳ 지과 전체로 청회를 지그시 눌러준다.

㉑ 청회혈에서 목선을 타고 내려가 데콜테까지 간다.

㉒ 데콜테를 쓰다듬기하고 어깨돌린 후 아문 → 풍부 → 풍지 → 천주 → 예풍 → 청회를 누르고 귓불을 살짝 누른 후 손바닥을 내려놓는다.

다음 그림에 실습한 테크닉을 순서대로 정리하시오.

memo

2. 상지관리

(1) 상지관리를 수행하기 위한 경맥 및 에너지포인트점

상지(손&팔)는 오장육부와 연계되어 있으며 활동적 움직임과 대기의 에너지를 받아들여 내장의 활동 및 피부의 생리활성작용을 도우므로 경맥을 풀어줄 때는 상지 말단 부위부터 위쪽 방향으로 풀어주되, 테크닉을 수행할 때 수3양경 관리는 손끝에서 시작하고 난 후 액와로 빼주고(독소배출), 수3음경 관리는 어깨부위에서 시작하여 손바닥의 끝에서 빼준다.(독소배출)

(2) 상지관리를 위해 알아 두어야 할 수3음경

수태음폐경, 수궐음심포경, 수소음심경 3개의 수3음경은 몸통에서 시작하여 상지 내측으로 흐르며 손끝에서 끝난다.

(3) 상지관리를 위해 알아 두어야 할 수3양경

수양명대장경, 수소양삼초경, 수태양소장경 3개의 양경은 손끝에서 시작하여(기시혈) 상지외측으로 흐르며 얼굴에서 끝난다.(종지혈)

고객이 등 관리를 받기 위해 엎드려 있는 상태에서 관리한다.

표 2-2 수3양경과 수3음경의 기시혈과 종지혈

수3양경	기시혈(손끝)	종지혈(얼굴)	수3음경	기시혈(몸 측면)	종지혈(손끝)
수양명대장경	상양	영향	수태음폐경	중부	소상
수소양삼초경	관충	사죽공	수궐음심포경	천지	중충
수태양소장경	소택	천궁	수소음심경	극천	소충
수3음경은 손끝에서 시작하여 팔 외측으로 흘러 얼굴에서 끝난다.			수3음경은 몸통 측면의 어깨와 연결된 부위 부분에서 시작하여 손가락 끝에서 끝난다.		

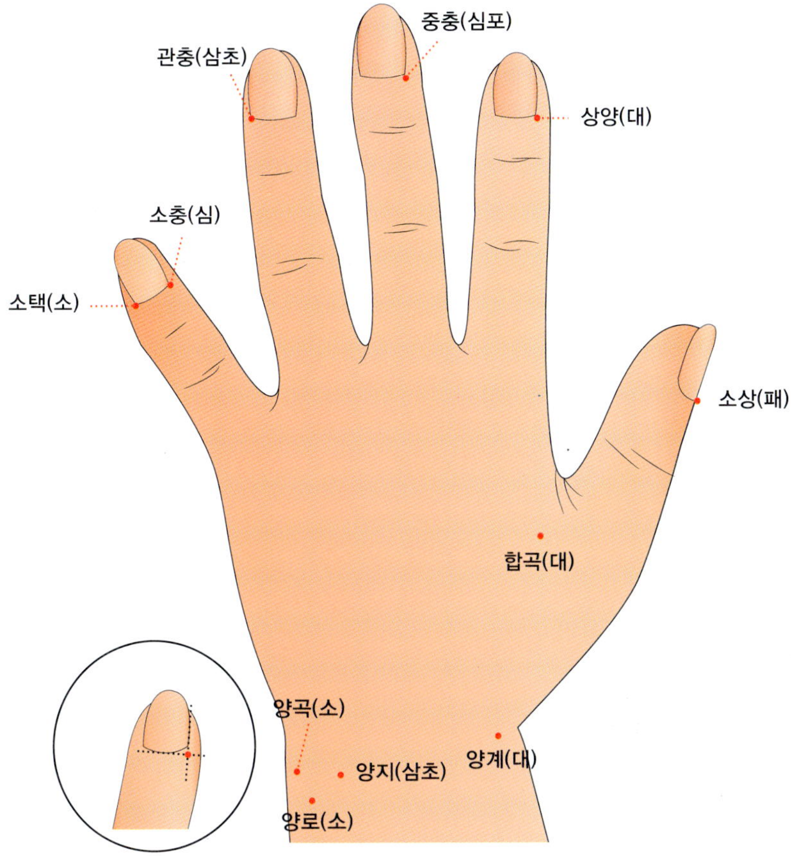

그림 2-4 수3양경의 기시혈과 수3음경의 종지혈 위치

(4) 실제적인 상지관리

1) 핸드 관리 테크닉

오일 도포

① 손가락 쓰다듬기 : 손가락을 하나씩 상·하, 좌·우로 비벼준 후 손톱 밑 에너지포인트점을 눌러준다.

② 손가락 마찰하기 : 한 손가락씩 나선형을 그리며 올라간 후 쓰다듬으면서 내려온다.

③ **중수골 훑기** : 모지측면을 이용하여 제5중수골·제4중수골, 제4중수골·제3중수골, 제3중수골·제2중수골 순으로 훑어 올라간 후 제2중수골과 제1중수골 사이는 모지복으로 깊게 쓰다듬기한 후 합곡을 풀어준다.

④ **수근 풀기** : 엄지와 소지부를 고객의 손가락에 끼운 후, 양손 엄지복을 이용하여 고객의 수근을 풀어주고 나서 노궁혈을 지긋이 눌러준다.

⑤ 관리사의 손가락과 고객의 손가락을 서로 깍지낀 다음에 팔을 잡아당기면서 떨어주기(진동법) 한 후 지긋이 침대위에 올려놓는다.

다음 그림에 실습한 테크닉을 순서대로 정리하시오.

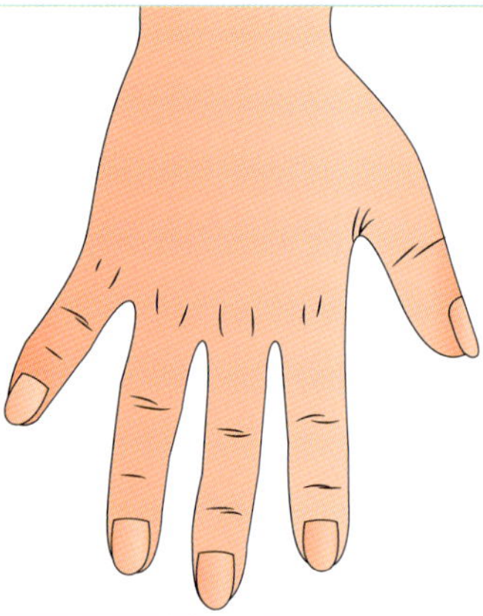

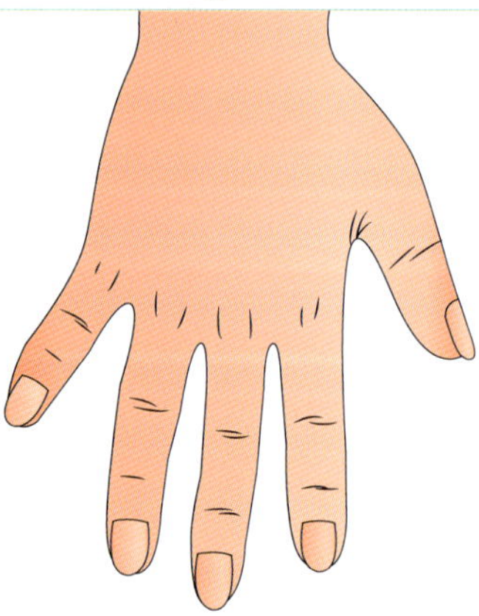

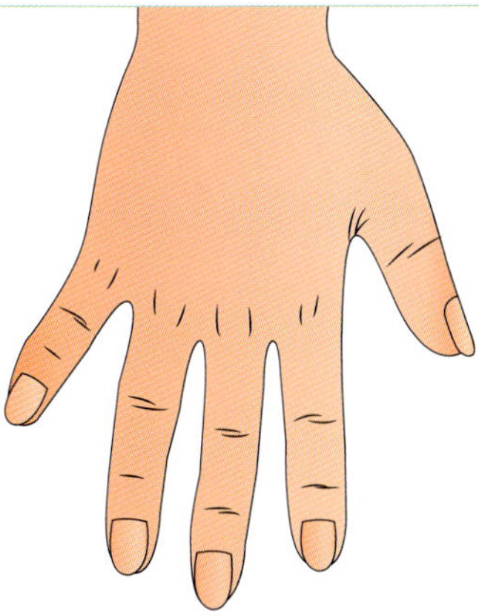

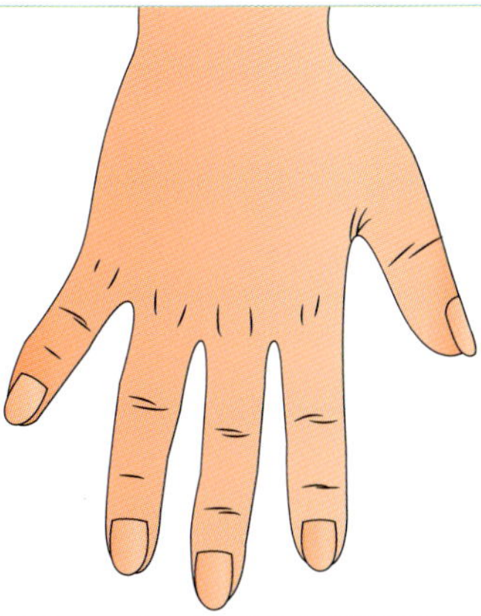

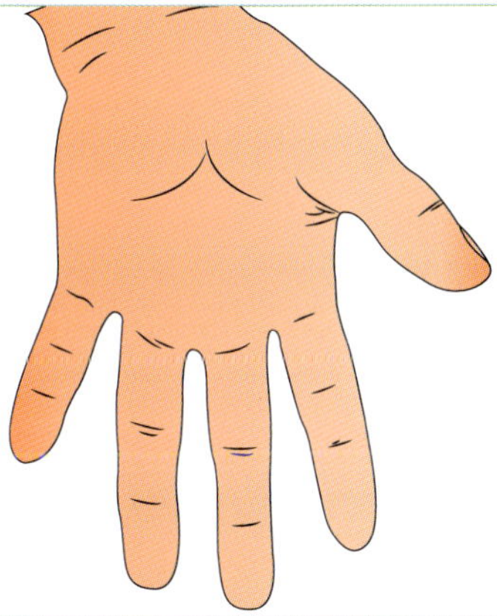

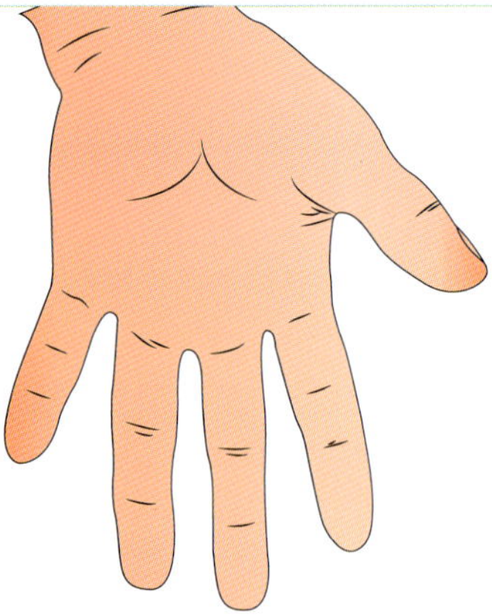

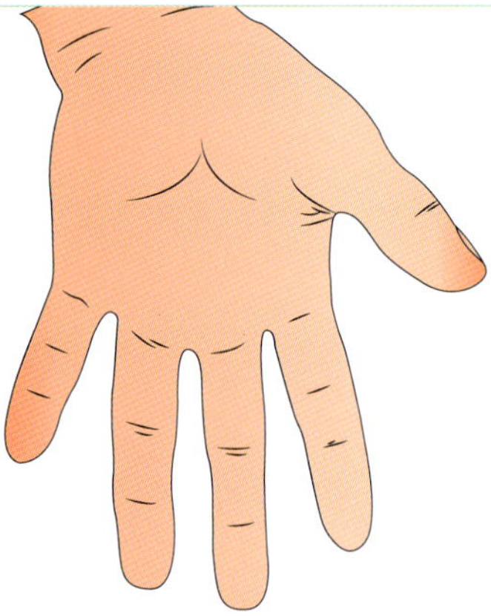

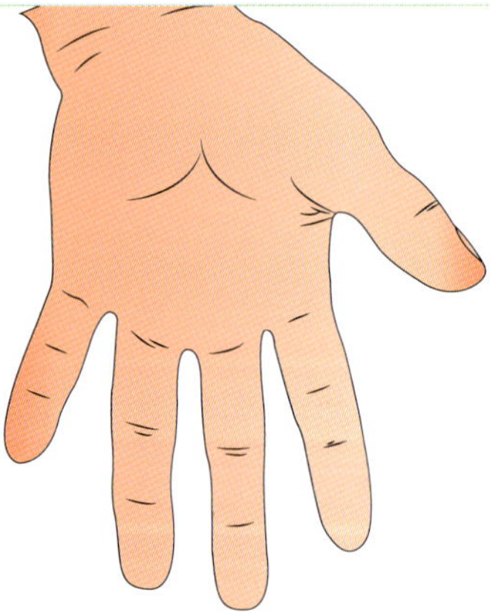

(5) 상지 내측관리를 수행하기 위한 수3음경

상지 내측으로 흐르는 수3음경은 몸통 윗부분의 측면에서 시작하여 손 끝에서 끝난다.

① **수태음폐경** : 중부, 운문, 협백, 척택, 공최, 태연, 어제, 소상

② **수궐음심포경** : 천지, 천천, 곡택, 태릉, 노궁, 중충

③ **수소음심경** : 극천, 소해, 신문, 소충

1) 상지 내측을 관리하기 위한 수3음경 팔 경락도

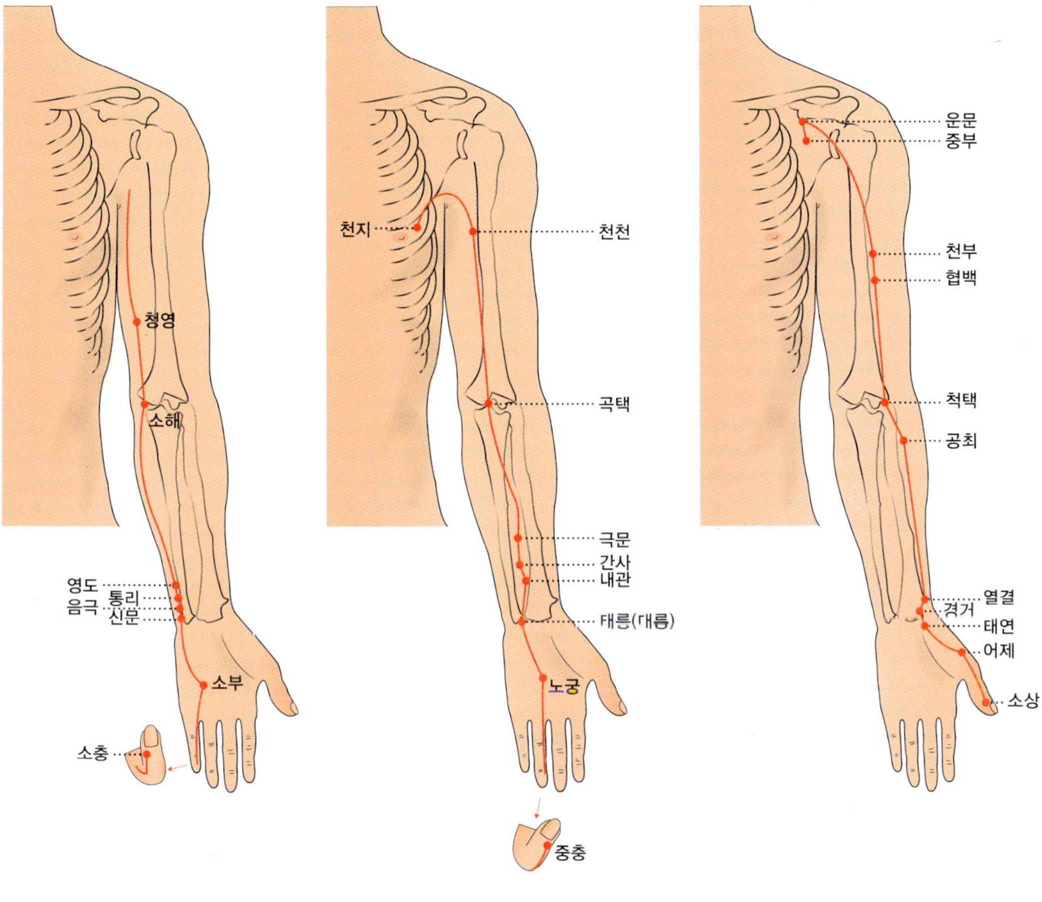

수소음심경 수궐음심포경 수태음폐경

2) 상지 내측 테크닉

① **전체 쓰다듬기** : 상지 내측(전완부) 부위를 두 손 겹쳐서 쓸어 올린 후 내려올때는 양 모지복을 이용하여 심포경을 깊게 쓸면서 내려온다. 내려오면서 곡택혈,극문혈, 대릉혈, 노궁혈, 중충혈을 눌러주면서 장지에서 뺀다.

② 한손으로 쓸어올려준 후 전완 내측의 심경을 쓸어 내려온다.
내려오면서 소해혈, 신문혈, 소부혈, 소충혈을 누르고 애지에서 뺀다.

③ 반대손으로 쓸어올려준 후 전완 외측의 폐경을 따라 내려온다.
내려오면서 천부혈, 척택혈, 태연혈, 어제혈, 소상혈을 누른 후 엄지에서 뺀다.

④ 상완부의 요골근, 척골근 부위를 쓰다듬기와 마찰하기 동작으로 풀어준다.

⑤ 상지 내측 전체를 쓸어올렸다가 내려오면서 손목 부위에서 맞잡고 떨기 동작을 한다.

다음 그림에 실습한 테크닉을 순서대로 정리하시오.

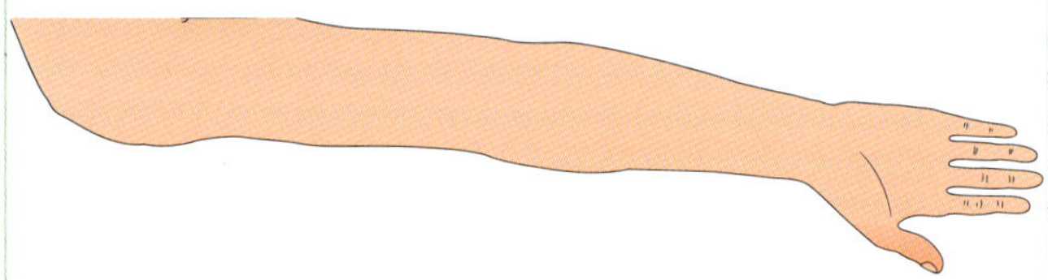

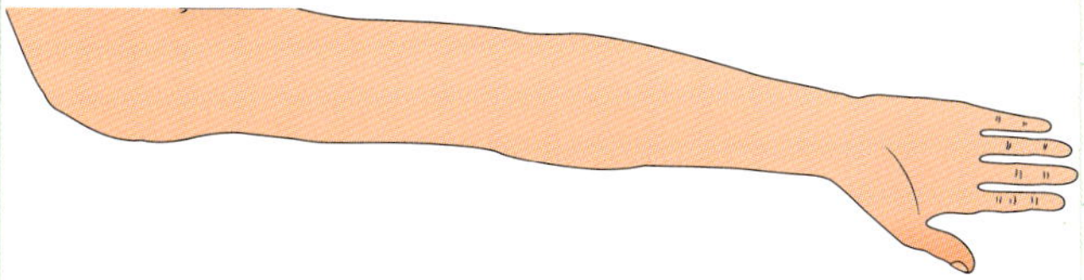

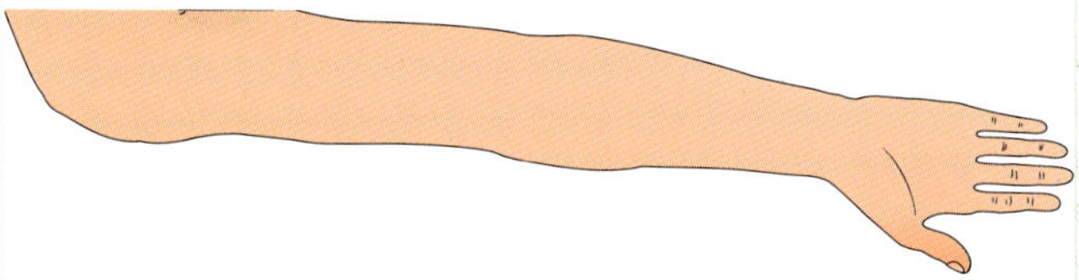

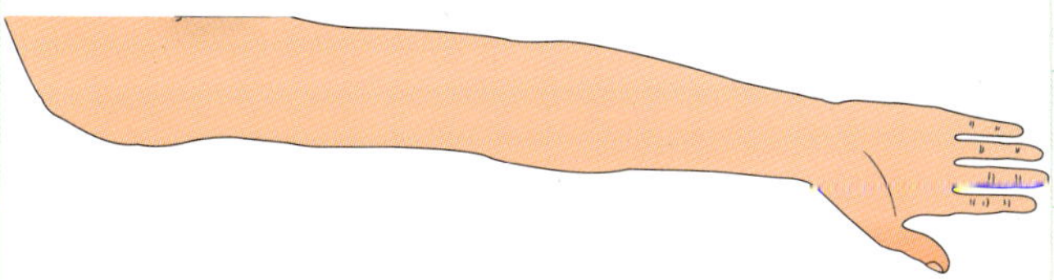

2) 상지 외측관리를 수행하기 위한 수3양경 팔 경락도

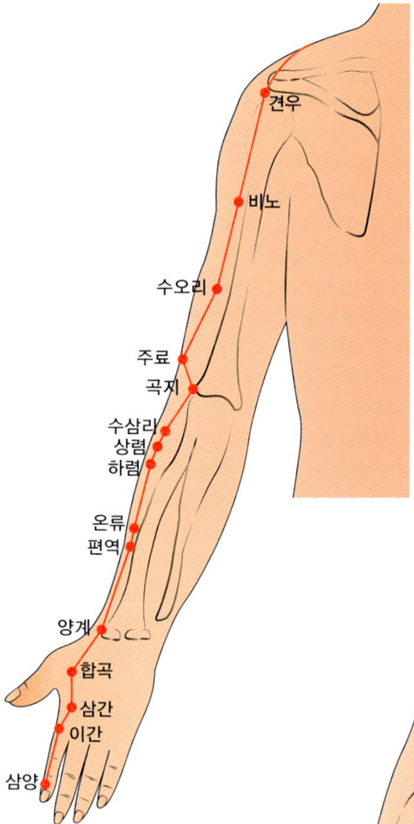

수양명대장경

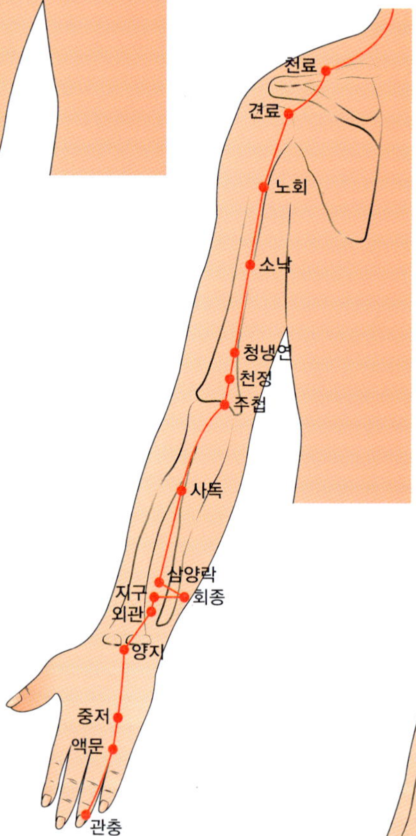

수소양삼초경

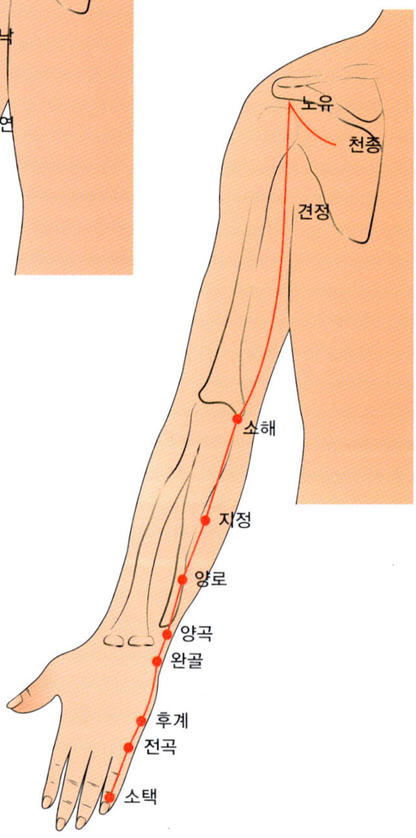

수태양소장경

3) 상지 외측관리 테크닉

고객의 팔을 꺾어 손이 머리 측면에 오도록 하고 엎드려 있는 상태에서 테크닉을 수행한다.

상지 외측 전체에 쓰다듬기 동작을 수행한 후 시작한다.

① 지과를 이용하여 한 손가락씩 지과 사이에 끼고 쓸어 올린다.
(손톱 밑에 위치한 에너지포인트점을 지그시 눌러준다)

② 지과를 이용하여 중수골을 쓸어 올린다.(합곡을 풀어준다)

③ 지과를 이용하여 손목을 풀어준다.
(손목에 위치한 에너지포인트점-대장경의 양계, 삼초경의 양지, 소장경의 양곡)

④ 상지 외측 전체에 쓰다듬기 동작 1회를 실시한 후 모지복 측면을 사용하여 수3양경을 순서별로 경맥(에너지 흐름)에 따라 쓸어 올라가면서 에너지포인트점을 지그시 눌러준다.

- **수양명대장경** : 상양 누르고 가면서 합곡 → 양계 → 곡지 → 수오리 → 비노 → 견우를 누른 후 어깨를 돌린다.
- **수소양삼초경** : 관충을 누른 후 양지 → 삼양락→ 주첨혈 부위를 둥그렇게 풀어주고 노회 → 견료를 누른 후 어깨를 돌려준다.
- **수태양소장경** : 소택을 누른 후 양곡 → 지정 → 소해 → 견정 → 노유를 풀어준 후 관리사의 주첨을 사용하여 천종을 지그시 눌러주고 손바닥을 사용하여 돌리면서 풀어준다.

⑤ 상지 후면에 전체적으로 쓰다듬기 동작을 수행한다.

⑥ 지과를 이용하여 몸 쪽으로 쓸어 올리며 삼각근을 풀어준다.

⑦ 수근을 이용하여 부드럽게 삼각근을 풀어준다.

⑧ 손바닥 전체를 사용하여 손끝에서부터 어깨까지 쓸어올린 후 어깨를 돌린다. 그리고 견갑골을 돌린 후 후액와를 뺀다.

다음 그림에 실습한 테크닉을 순서대로 정리하시오.

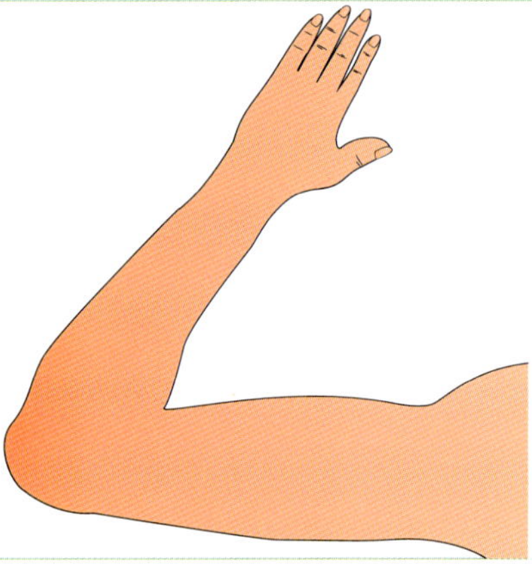

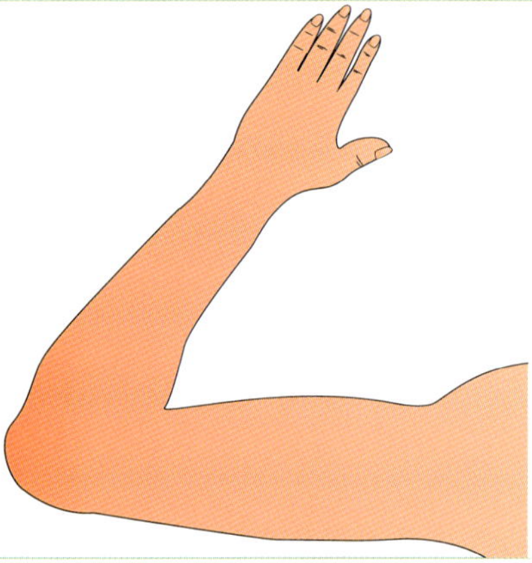

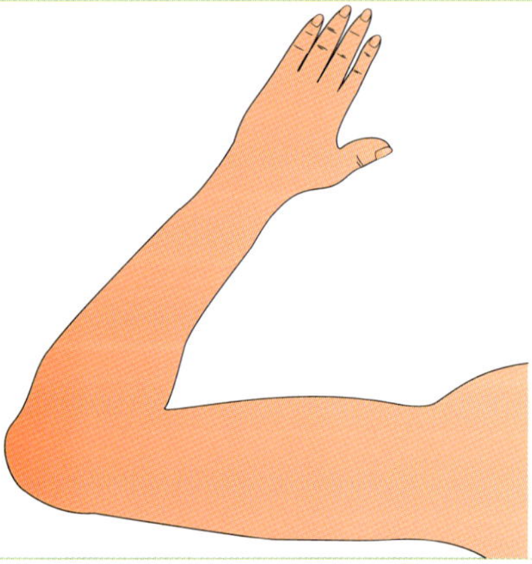

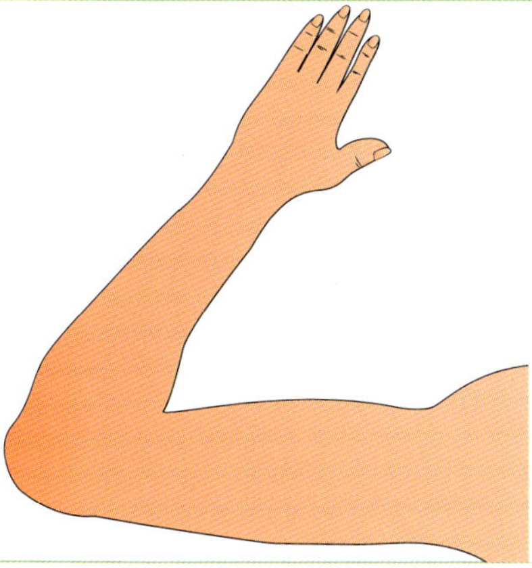

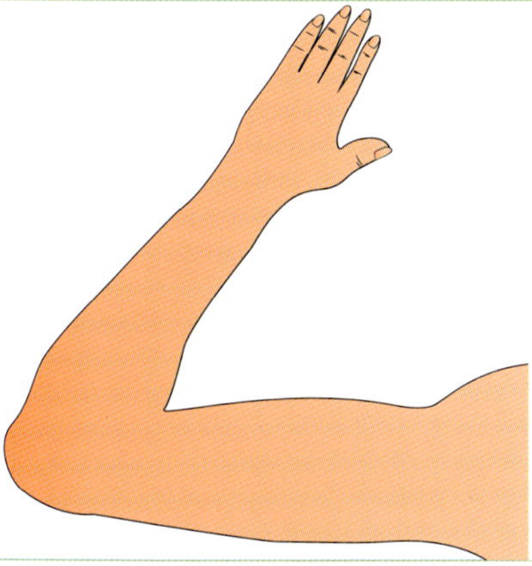

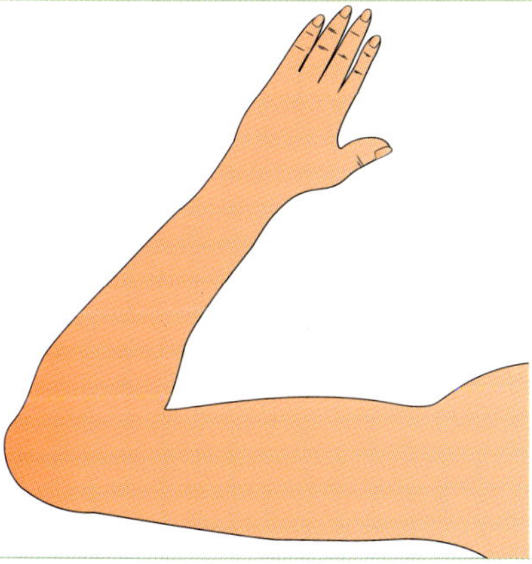

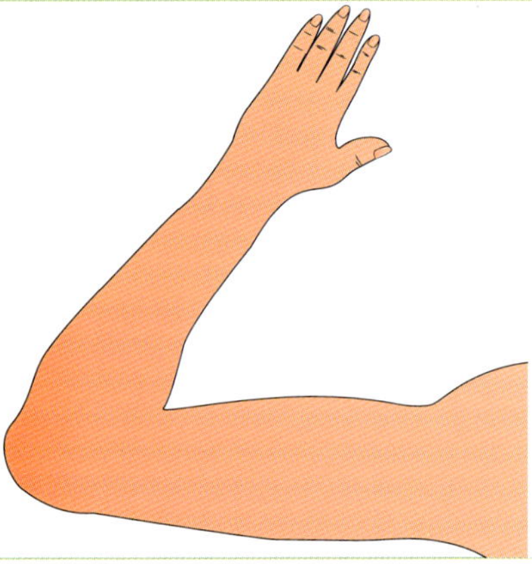

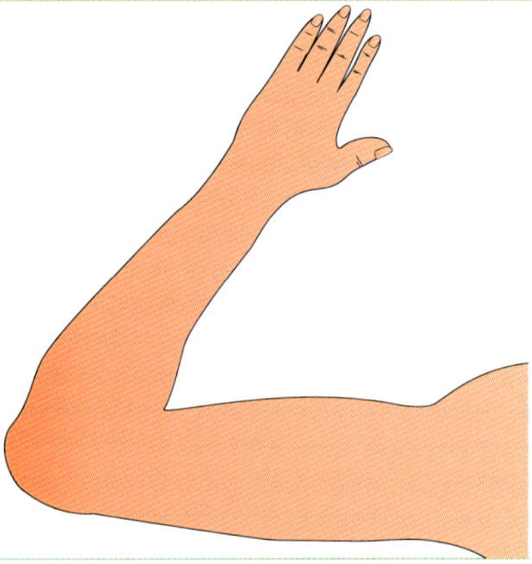

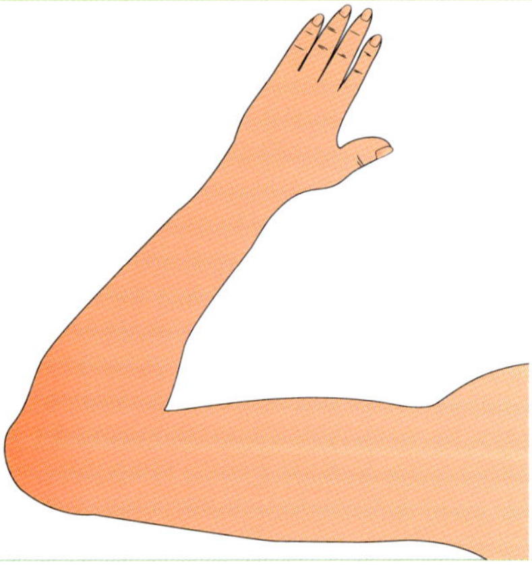

memo

3. 가슴관리

(1) 가슴관리를 수행하기 위한 경맥(에너지흐름) 및 에너지포인트점

① 임맥 : 구미, 중정, 단중, 옥당, 천돌, 염천, 승장

② 수태음 폐경 : 중부, 운문

③ 수궐음 심포경 : 천지

④ 족소양 담경 : 일월, 경문, 대맥

⑤ 족양명 위경 : 불용, 천추, 기충

⑥ 족태음 비경 : 부사, 복결, 대횡, 복애, 대포

⑦ 족궐음 간경 : 급맥, 장문, 기문

⑧ 족소음 신경 : 기혈, 황수, 유문

(2) 가슴관리를 수행하기 위한 임맥 경락(에너지흐름)도

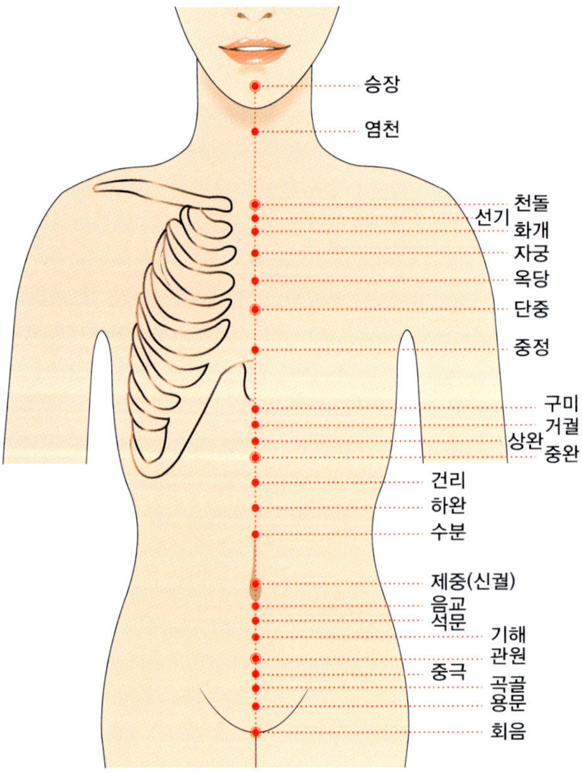

(3) 가슴관리 테크닉

가슴관리 수행시 임맥에 위치한 주요 에너지포인트점을 풀어주고 시작한다. 중완을 시계방향으로 돌리면서 풀어주고 올라오면서 단중에서 같은 방법으로 풀어준 후 계속 올라와서 천돌을 살짝 터치하고 가슴 전체를 쓰다듬은 후 시작한다.

① 가슴 전체를 감싸고 밖에서 안으로, 밑에서 위로 손바닥 전체로 감싸 돌리면서 쓰다듬기 동작을 한다.

② 가슴 위 늑골 부위의 늑골선을 따라서 중앙에서 바깥쪽으로 모지복을 이용하여 쓸어준다.

③ 가슴 밑 늑골 부위를 삼지복을 이용하여 중앙에서 바깥쪽으로 쓸어준다.

④ 가슴 전체에 쓰다듬기를 실시한다.

⑤ 액와 부위에서 안쪽으로 가슴을 감싸고 밑에서 위로 쓸어준다.

⑥ 가슴 전체를 사지복으로 풀어준다.

⑦ 가슴 전체를 감싸안고 밖에서 안으로 쓸어준 후에 한 쪽씩 손바닥 전체 안에 감싸쥐고 유두를 향하여 위로 진동하며 손을 뺀다.(독소배출단계)

다음 그림에 실습한 테크닉을 순서대로 정리하시오.

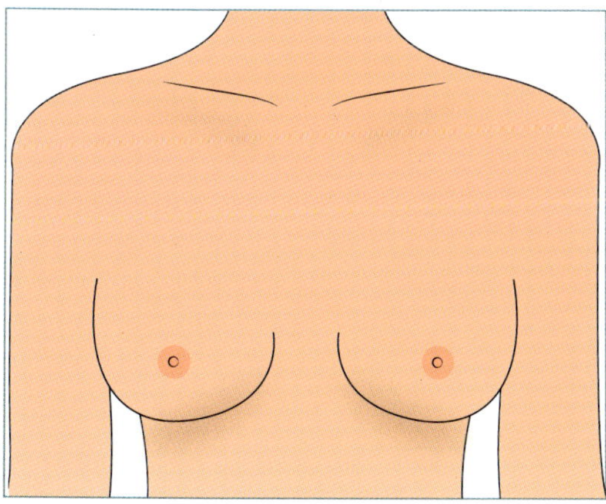

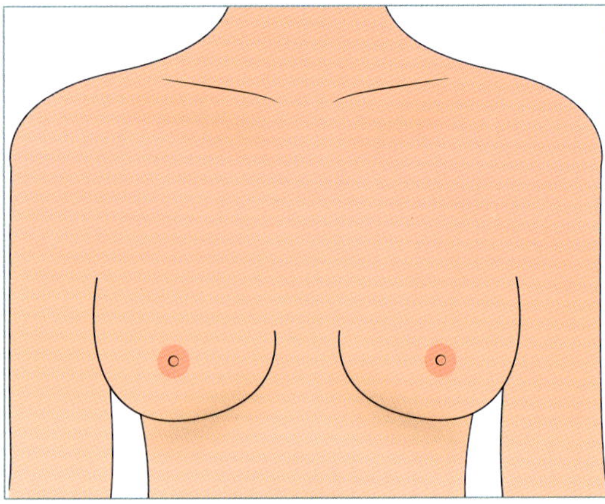

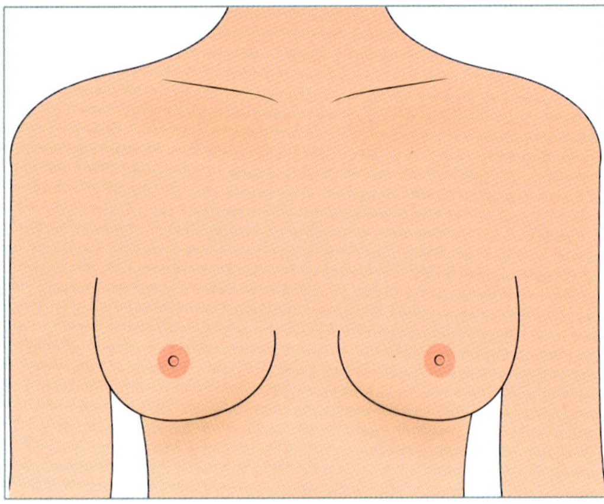

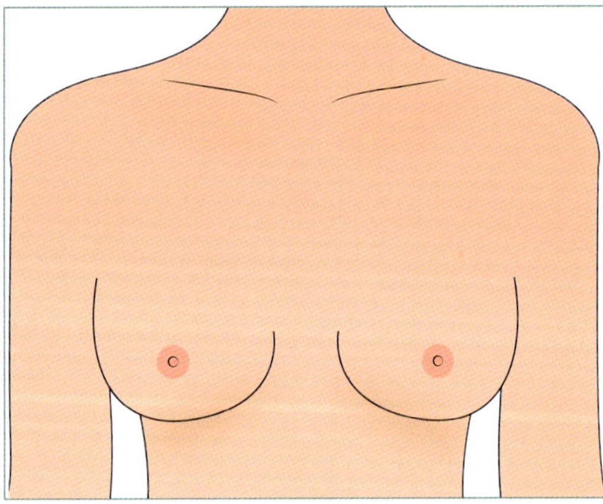

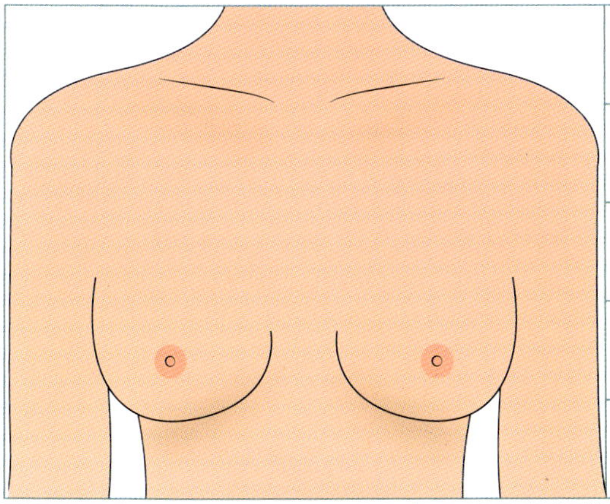

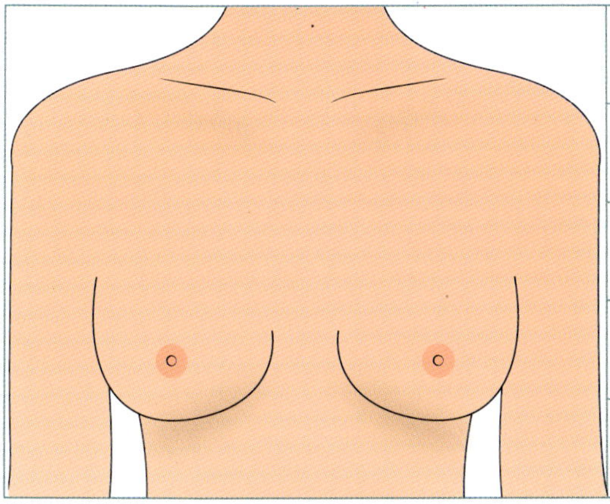

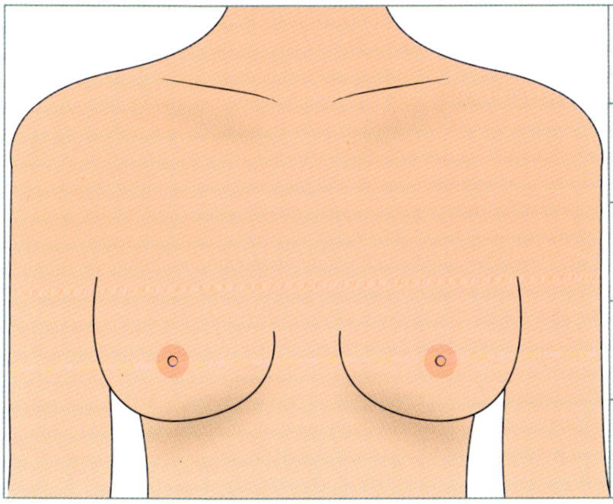

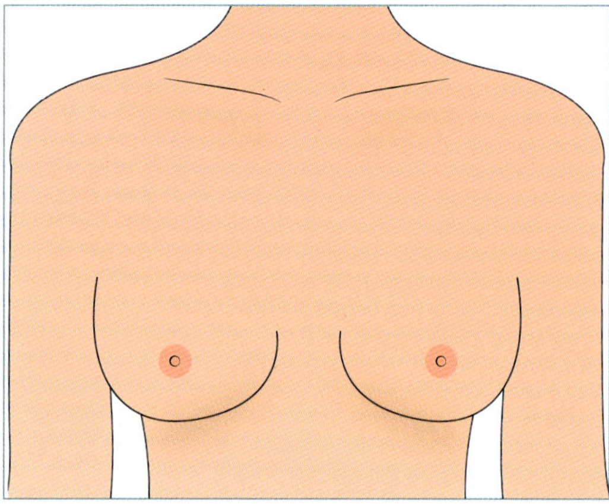

memo

4. 복부관리

(1) 복부관리를 수행하기 위한 경맥 및 경혈점

① 임맥 : 중극, 관원, 제중(신궐), 중완, 거궐, 단중, 천돌, 염천, 승장

② 족소양담경 : 일월, 경문, 대맥

③ 족양명위경 : 불용, 천추, 기충

④ 족태음비경 : 부사, 복결, 대횡

⑤ 족궐음간경 : 급맥, 장문, 기문

⑥ 족소음신경 : 기혈, 황수, 유문

(2) 복부관리를 수행하기 위한 에너지의 흐름

① 복부관리를 하기 위해서는 복부에 흐르고 있는 족소음신경과 족양명위경 및 족태음비경의 경맥을 알아야 한다.

② 족소음신경은 발바닥의 용천에서 시작하여 복부를 흘러 쇄골하연함요처(쇄골 아래 움푹 들어간 곳)에 위치한 수부(=유부)에서 끝난다.

③ 족양명위경은 얼굴의 안와하연(눈 동공 밑)에 위치한 승읍에서 시작하여 몸통 앞으로 와서 하지 바깥쪽 측면을 지나 두 번째 발가락 여태에서 끝난다.

④ 족태음비경은 몸통 측면 대포에서 시작하여 복부 앞면을 따라 내려가 엄지발가락 끝 은백에서 끝난다.

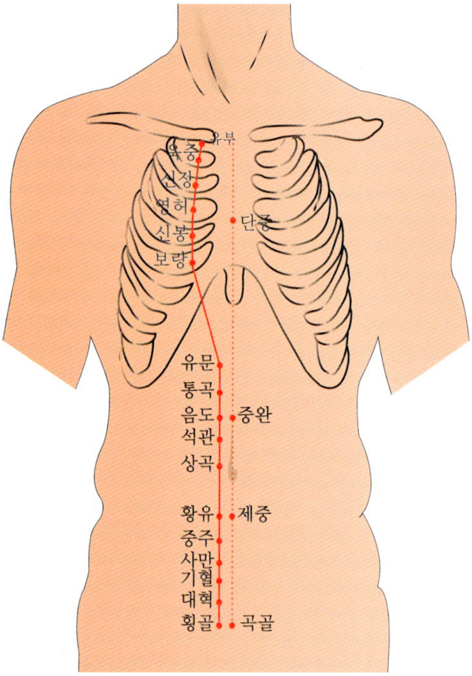

족소음신경

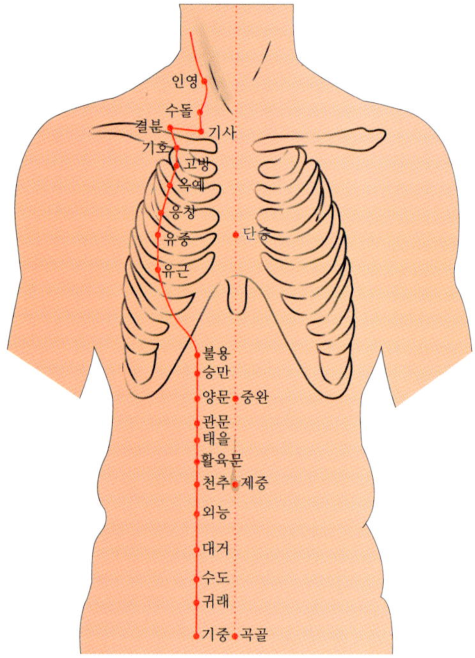

족양명위경

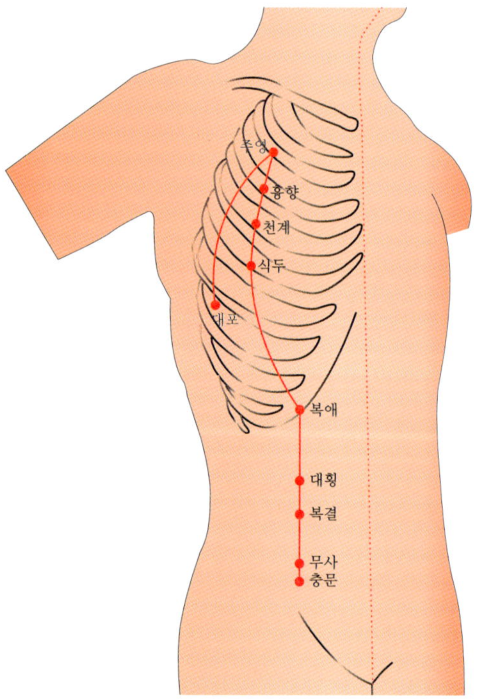

족태음비경

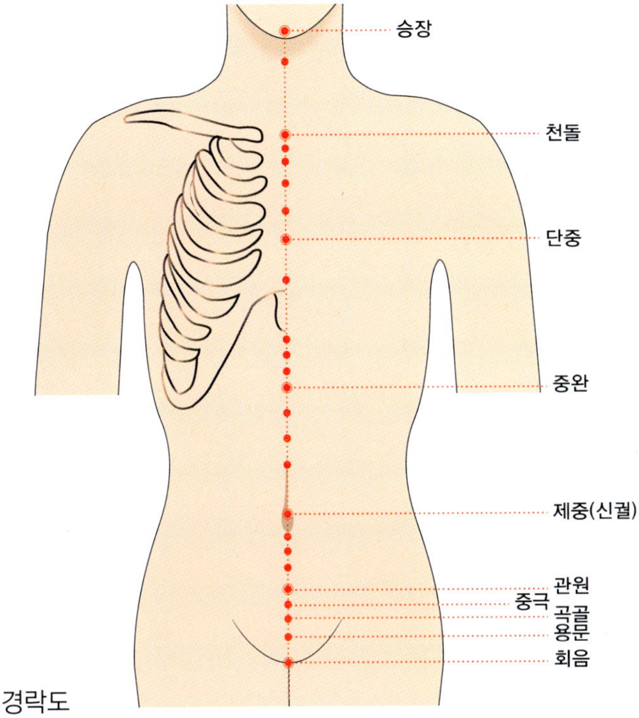

임맥경락도

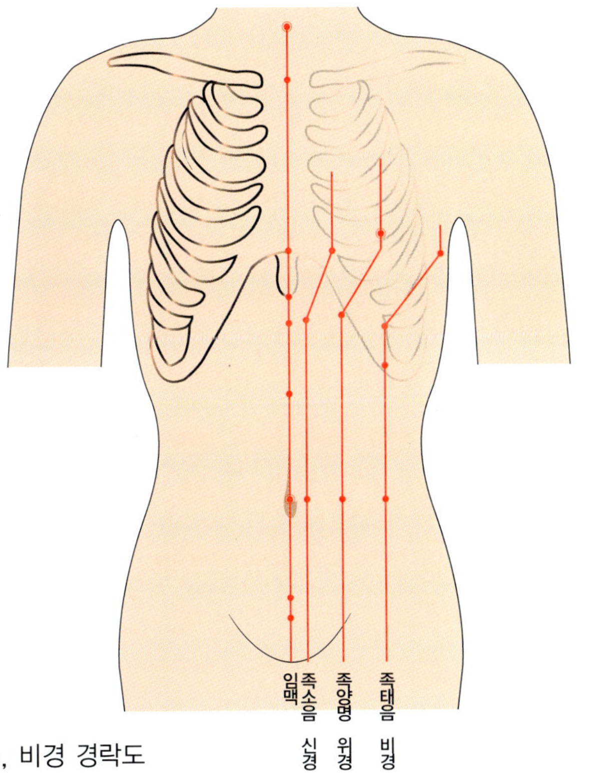

복부에 위치한 신경, 위경, 비경 경락도

(3) 복부에 위치한 족소음신경, 족양명위경, 족태음비경의 경락도

① 족소음신경은 임맥을 기준으로 하여 동신촌법으로 0.5치에 위치하여 흐른다.

② 족양명위경은 임맥을 기준으로 하여 동신촌법으로 2치에 위치하여 흐른다.

③ 족태음비경은 임맥을 기준으로 하여 동신촌법으로 4치에 위치하여 흐른다.

(4) 복부관리 테크닉

① 오일 도포하기

② 제중을 중심으로 시계방향으로 멀리 큰원을 그리며 쓰다듬기 동작하기

③ 제중을 중심으로 시계방향으로 가깝게 작은원을 그리며 쓰다듬기 동작하기

④ 두손 포개서 삼지복을 이용하여 큰원으로 나선형으로 마찰하기 동작하기

⑤ 두손 포개서 삼지복을 이용하여 작은 원을 그리며 나선형으로 마찰시키는 동작하기

⑥ 등 늑간 끝단 부분에서 앞으로 당겨 쓸어오면서 골반선을 따라 내려온 후에 중극에서 끝난다.

⑦ 모지복을 이용하여 임맥의 거궐에서부터 늑골을 따라 내려온 다음에 모통 측면에서 끝난다.(3선 이상 훑어준다)

⑧ 소지복을 이용하여 서혜부 윗부분을 몸통 측면에서부터 치골상연까지 깊게 쓰다듬는 동작하기(양쪽 나누어서 따로 따로)

⑨ 다이아몬드 모양 테크닉하기

⑩ 손바닥 전체를 이용하여 자근자근 누르면서 위에서 밑으로 내려온다.

⑪ 두 손 겹쳐 제중(=신궐, 배꼽)에 대고 깊게 누른 다음에 떨어준 후 손을 위로 올려 뺀다.(독소배출단계)

다음 그림에 실습한 테크닉을 순서대로 정리하시오.

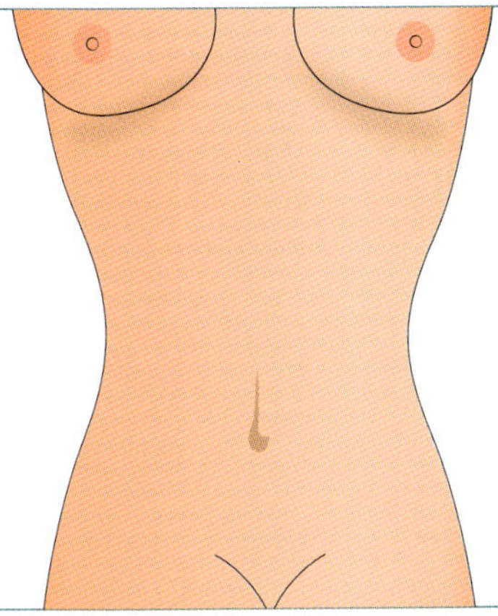

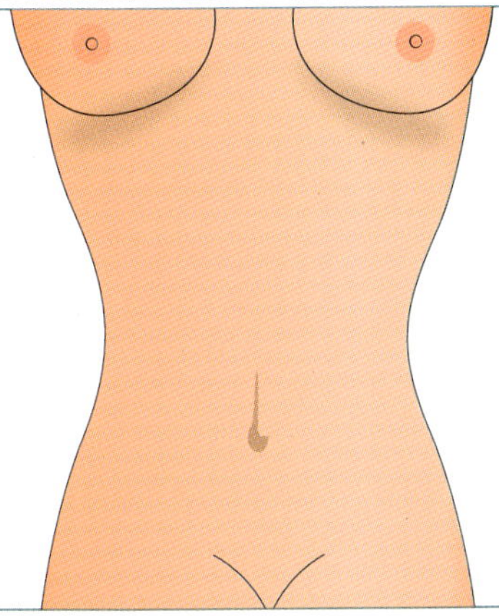

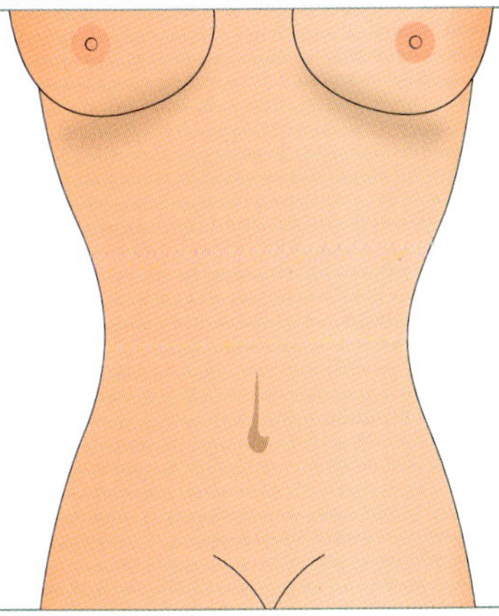

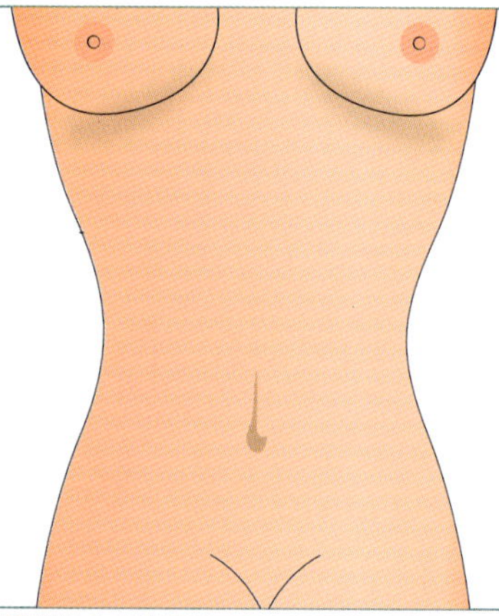

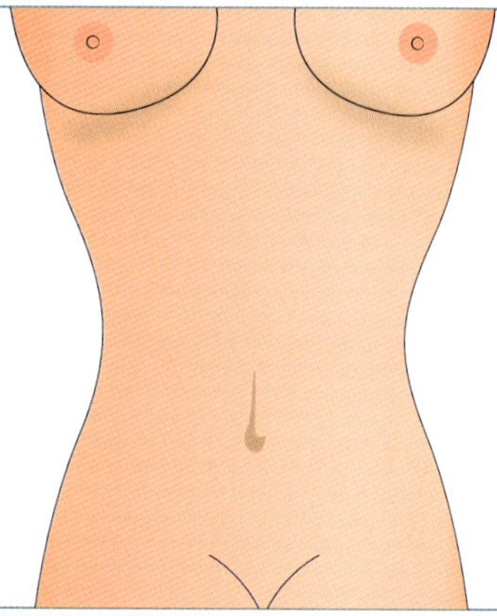

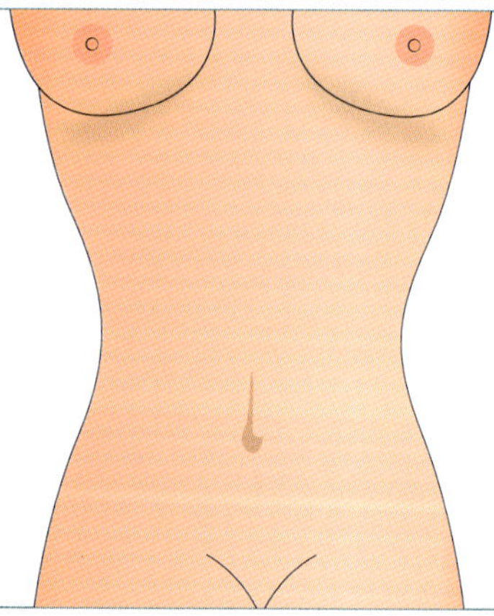

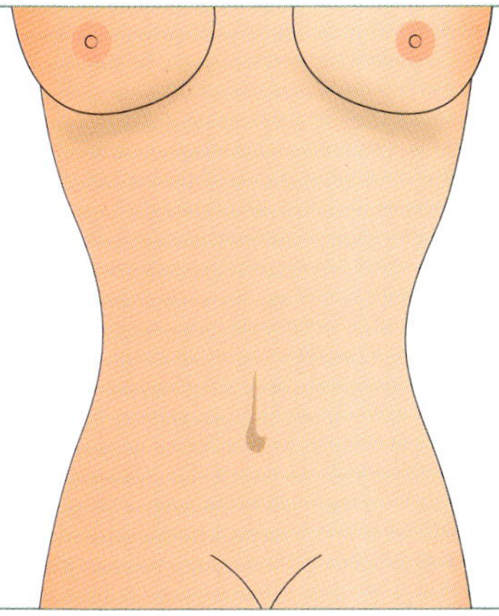

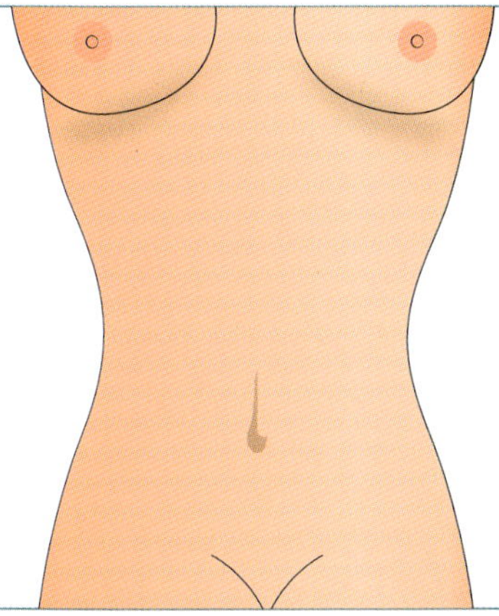

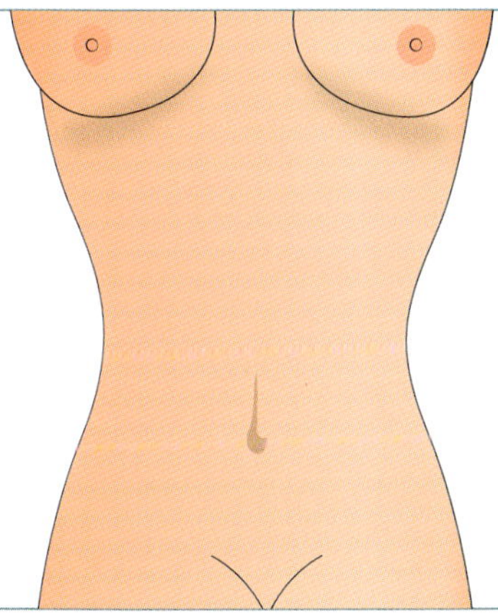

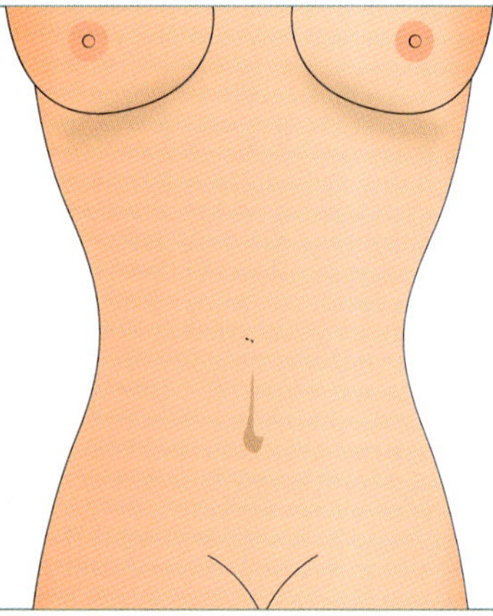

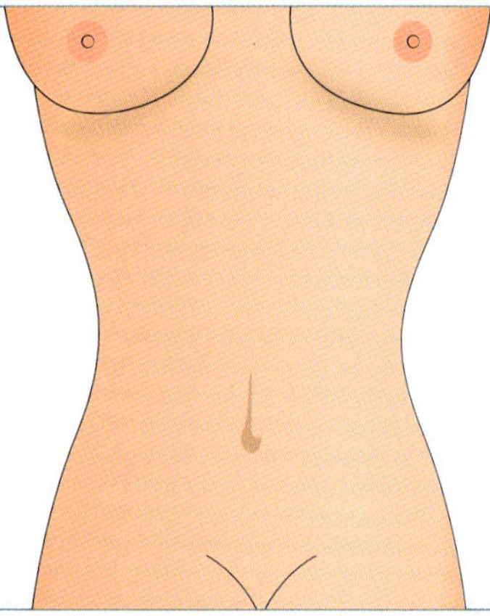

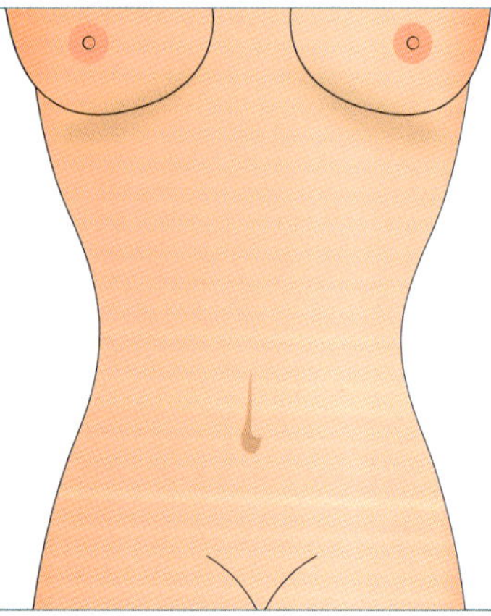

5. 등관리

(1) 등관리를 수행하기 위한 경맥 및 주요 경혈점

① 독맥 : 백회, 풍부, 아문, 대추, 명문, 요양관, 장강

② 족태양방광경 : 폐유, 심유, 간유, 담유, 비유, 위유, 신유, 대장유, 소장유, 방광유

③ 족소양담경 : 경문, 대맥, 환도

④ 수소양삼초경 : 천유, 예풍

⑤ 수태양소장경 : 견정, 노유, 천종, 병풍, 곡원, 견외유, 견중유

(2) 등관리를 수행하기 위한 독맥과 방광경의 경락도

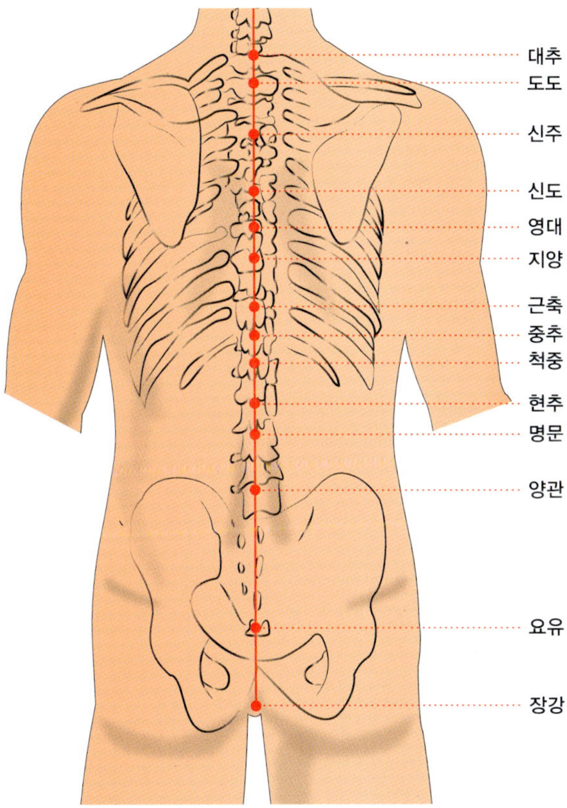

등에 위치한 독맥의 경락도

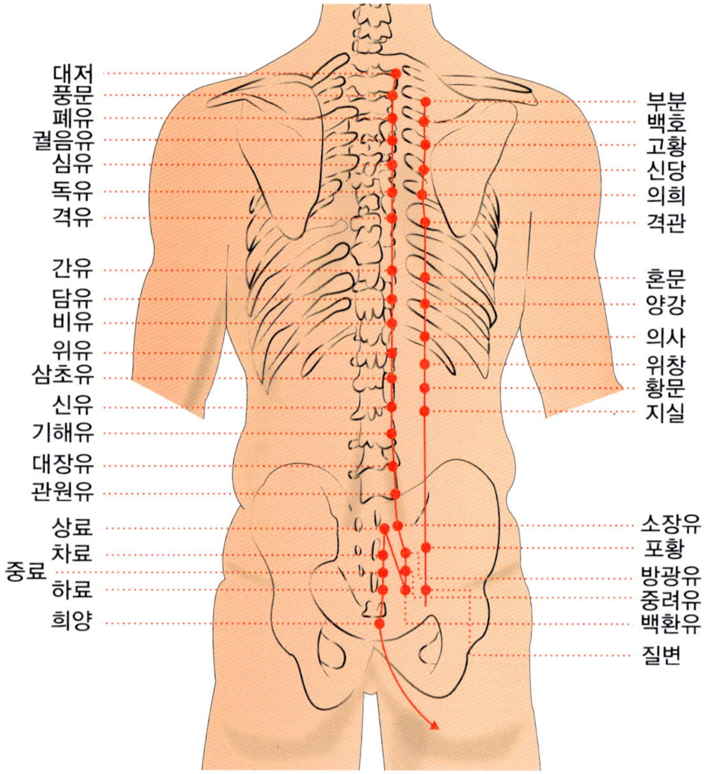

등에 위치한 방광경의 경락도

(3) 등관리 테크닉

등관리를 수행할 때는 제일 먼저 독맥을 풀어준 후 시작한다.

① 오일 도포 : 등부위를 가로로 3등분하여 아래에서 위로 손바닥 전체로 오일을 찍고 올라온 후 등체에 오일을 도포한다.

② 독맥풀기 : 장강을 누른 후에 두손 포개어 장지복을 이용하여 대추까지 쭉 타고 올라와 대추 가볍게 누르고 백회까지 가서 모지복을 이용하여 눌러준다.(척추 부위이므로 강하게 하지 않는다)

③ 등전체 쓰다듬기 : 손바닥 전체를 이용하여 가볍게 반복하여 쓰다듬는 동작을 한다.

④ 방광경(기립근) 풀기 1 : 수근을 이용하여 방광경을 깊게 쓰다듬기 동작으로 어깨부위에서 시작하여 내려간 후 가볍게 올라오기

⑤ 방광경(기립근) 풀기 2 : 양손 지과를 이용하여 방광경 라인을 따라 내려가면서 병증 부위를 진단한 후 두툼하게 올라온 부위를 풀어준다.(여러 번 반복할 수 있다)

⑥ 방광경(기립근) 풀기 3 : 한손은 손바닥을 등에 대고 한손을 지과를 이용하여 뭉친 부위를 집중적으로 풀어준다.(양쪽)

⑦ 등 전체 쓰다듬기

⑧ 유혈(수혈) 관리 1 : 방광유 → 소장유 → 대장유 → 신유 → 위유 → 비유 → 담유 → 간유 → 심유 → 폐유 순으로 올라가면서 경혈점(에너지포인트점) 하나하나씩 모지복을 이용하여 시계방향으로 돌린 후 누르고 방광경을 따라 가볍게 누른 상태로 올라가면서 관리한다.

⑨ 유혈(수혈) 관리 2 : 고객의 측면으로 가서 방광유부터 폐유까지 올라가면서 유혈 자리를 하나하나씩 수근을 이용하여 누른 후 몸통 측면 끝까지 쓸어내린다.(양쪽)

⑩ 등 전체 쓰다듬기

⑪ 팔료혈 관리 : 지과를 이용하여 좌우로 풀어준다.

⑫ 장골능 풀기 : 모지복을 이용하여 안에서 밖으로 부채꼴 모양으로 골반상연 부위를 훑어서 내린다. 등 전체를 쓰다듬은 후 고객의 머리 위로 위치를 바꾼다.

⑬ 승모근 풀기 1 : 관리사는 의자의 앉은 후 고객의 승모근의 상태를 모지복과 삼지복을 이용하여 쓰다듬으면서 근육의 상태를 살펴본다.

⑭ 승모근 풀기 2 : 모지복을 이용하여 풀어준다.

⑮ 승모근 풀기 3 : 승모근을 좌우로 제1선, 제2선, 제3선으로 3등분하여 팔을 교차하면서 모지복을 이용하여 집중적으로 풀어준다.

⑯ 승모근 풀기 4 : 지과를 이용하여 안에서 밖으로 풀어준다.

⑰ 승모근 풀기 5 : 주먹쥔 손을 고객의 승모근 밑으로 넣고 풀어준다.

⑱ 삼각근 풀기 : 견봉혈을 풀어준 후 지과를 이용하여 어깨의 삼각근을 풀어준다.

⑲ 견갑골 풀기 1 : 사지복을 이용하여 견갑골 전체를 쓰다듬기로 풀어준다.

⑳ 견갑골 풀기 2 : 모지복을 이용하여 견갑골 선을 따라 풀어준다.

㉑ 견갑골 풀기 3 : 소지복을 이용하여 견갑골 안에 넣고 쓸어올린다. (전액와로 보내기)

㉒ 견정, 천료, 거골, 노유를 누른 후 주첨을 이용하여 천종을 깊게 눌러 준다.

㉓ 늑골간 풀기 : 사지복을 이용하여 늑골 사이사이를 훑어내린다.(긁기)

㉔ 등 전체를 쓰다듬고 팔뇨혈 위치에서 장압하여 누른 후 떨기를 하고 위로 뺀다.

다음 그림에 실습한 테크닉을 순서대로 정리하시오.

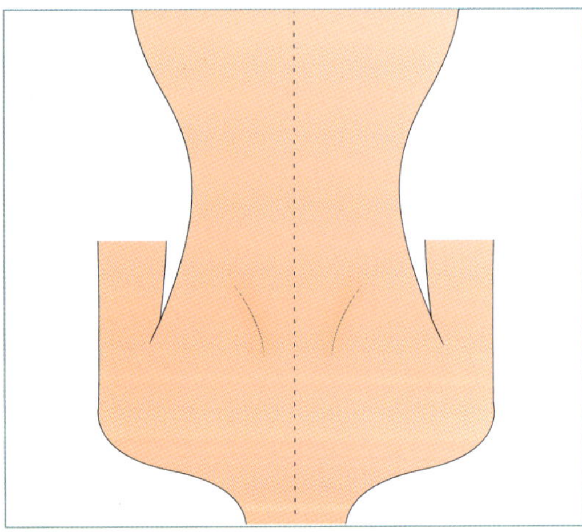

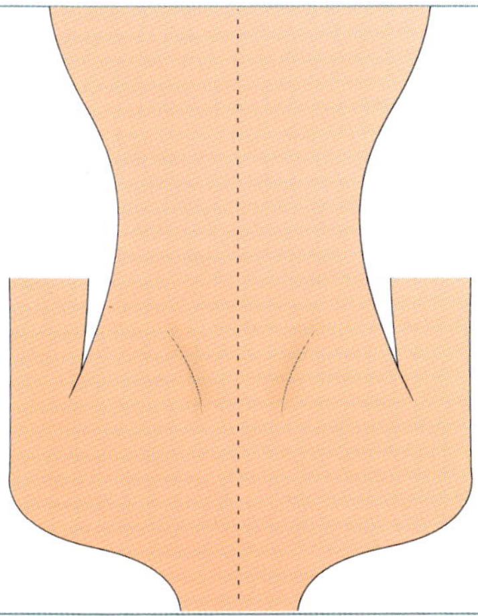

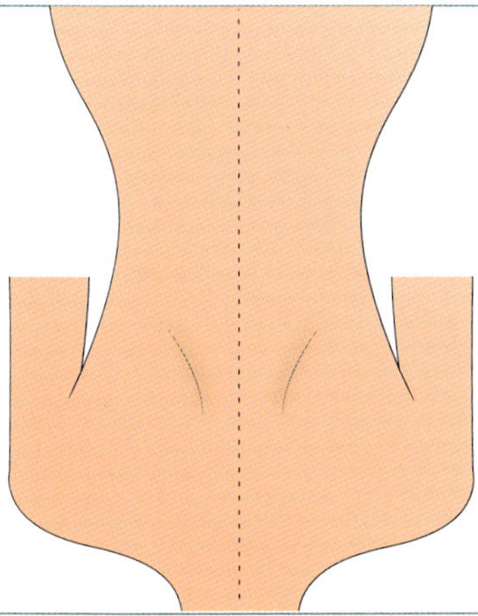

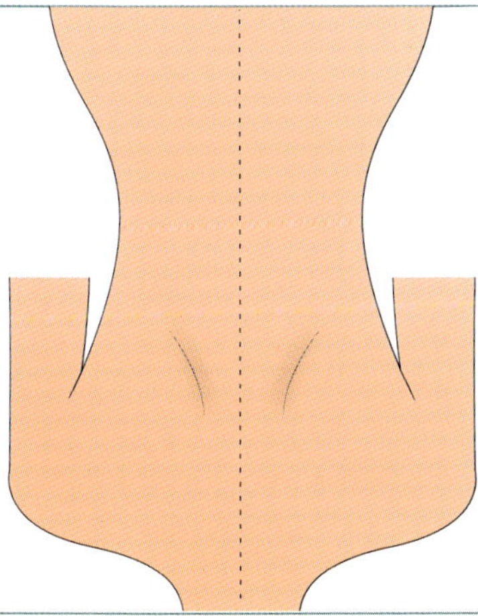

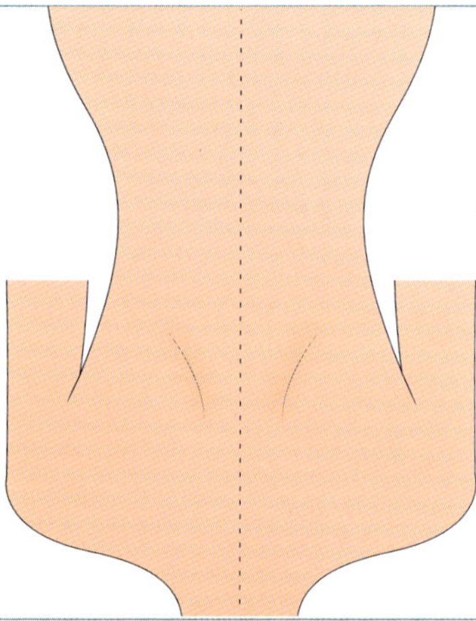

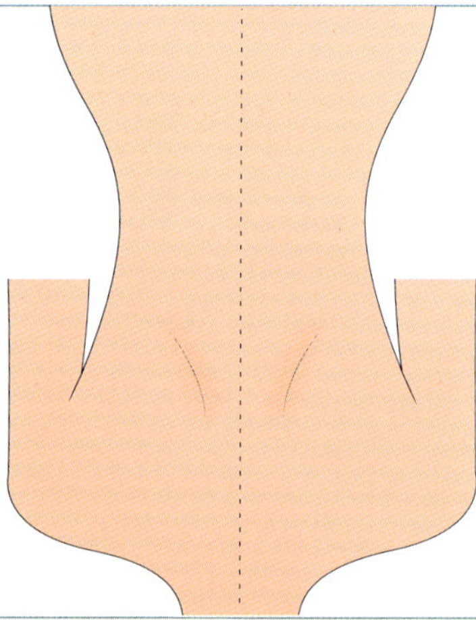

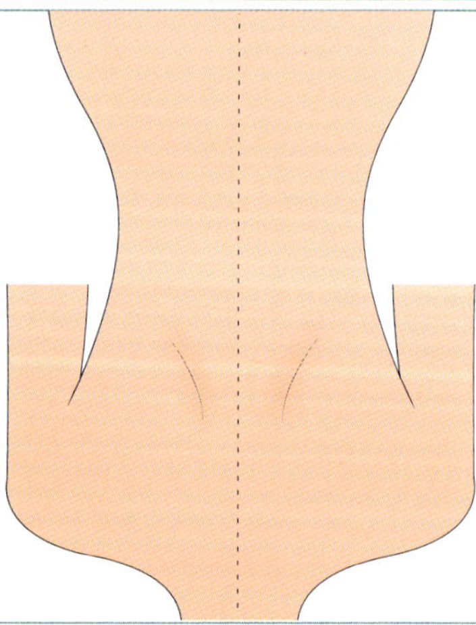

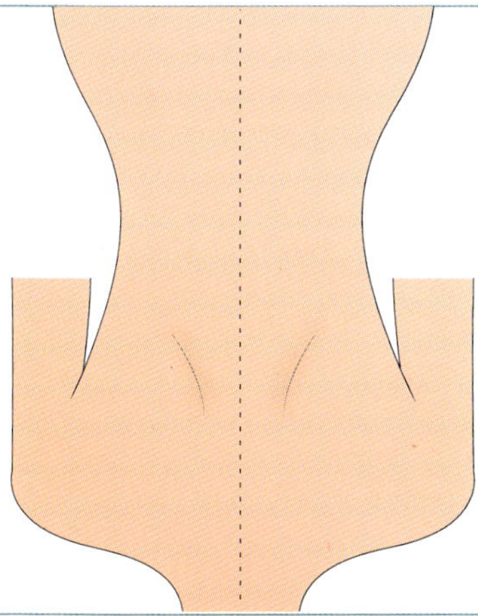

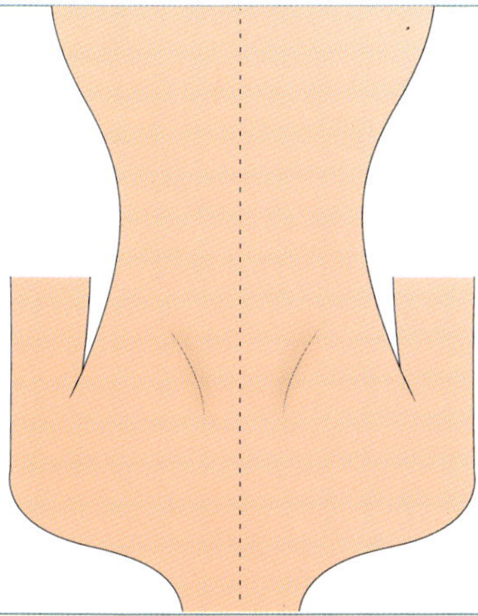

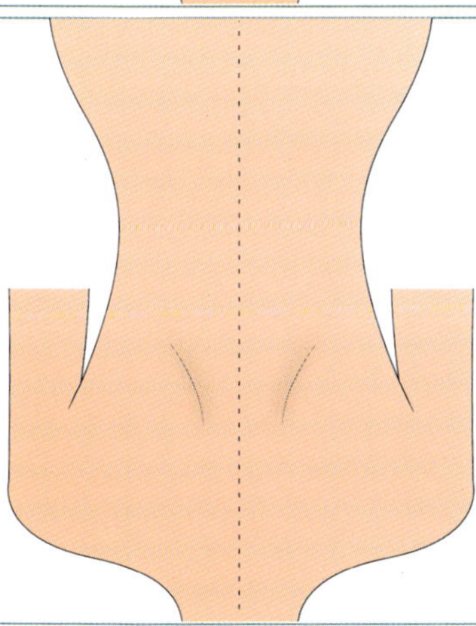

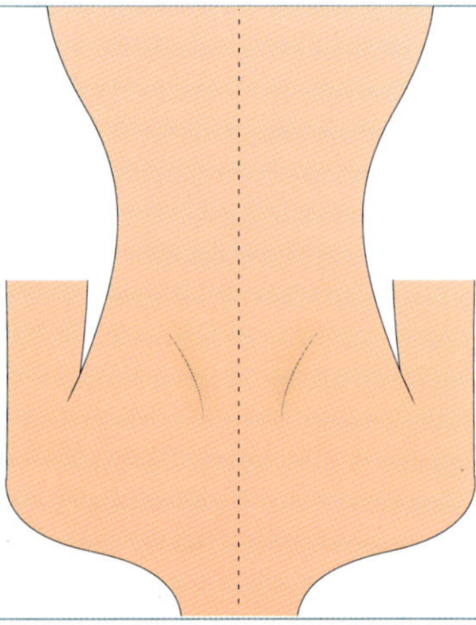

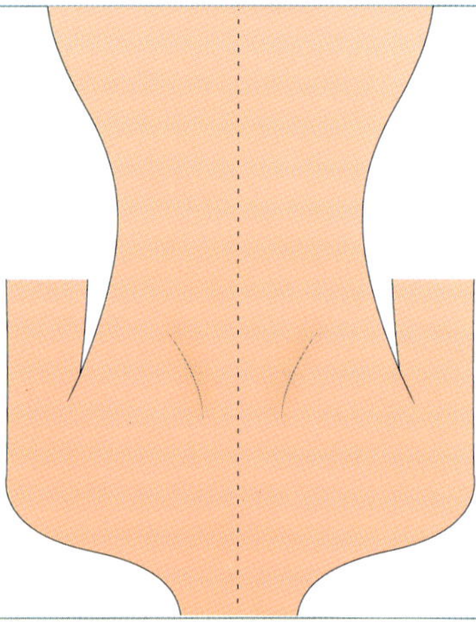

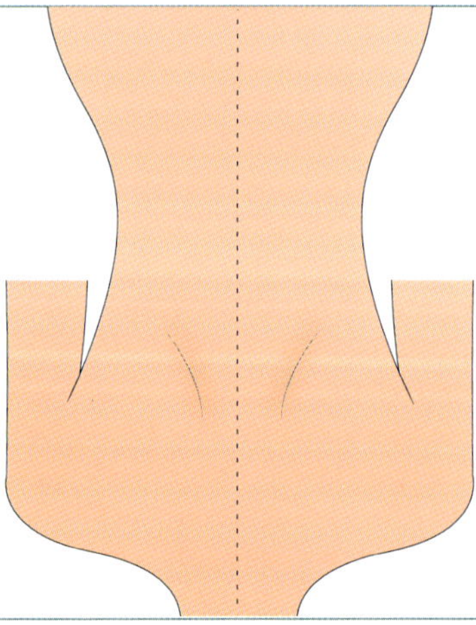

memo

6. 하지관리

하지(발&다리)에 분포된 경맥과 에너지포인트점을 풀 때는 먼저 다리의 길이를 관찰하고 근육 및 인대나 힘줄의 상태 등을 관찰한 후 시술해야 한다.

하지 전면 관리를 위해서 가장 먼저 발을 풀어준다.

족3양경과 족3음경이 하지에 흐르는 경맥을 따라가며 주요혈의 위치에서 눌러준다.

(1) 하지관리를 수행하기 위한 경맥 및 주요 경혈점

① 족양명위경 : 비관, 복토, 독비, 족삼리, 상·하거허, 풍륭, 함곡, 내정, 여태

② 족소양담경 : 양릉천, 외구, 현종, 지오회, 족규음

③ 족태양방광경 : 승부, 은문, 위중, 승산, 곤륜, 지음

④ 족태음비경 : 은백, 태백, 공손, 삼음교, 누곡, 음릉천, 혈애, 기문, 충문

⑤ 족궐음간경 : 태돈, 행간, 태충, 중봉, 중도, 슬관, 곡천, 음포, 오리

⑥ 족소음신경 : 용천, 연곡, 태계, 음곡

(2) 하지관리를 수행하기 위한 다리에 위치한 족3양경의 경락도

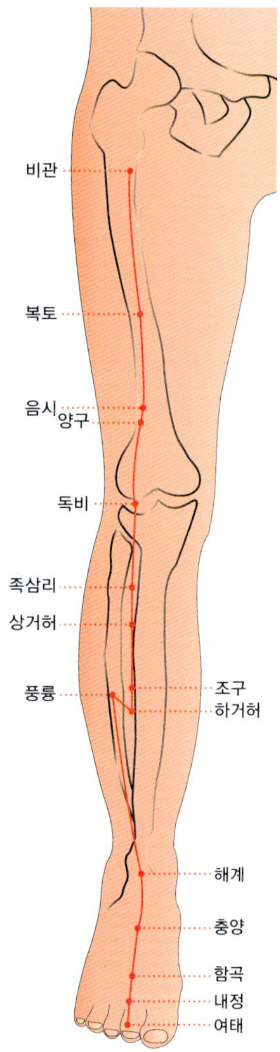

족양명위경

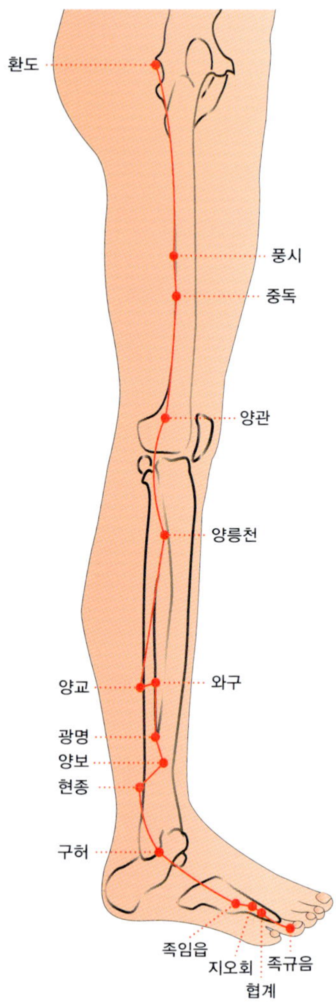

족소양담경

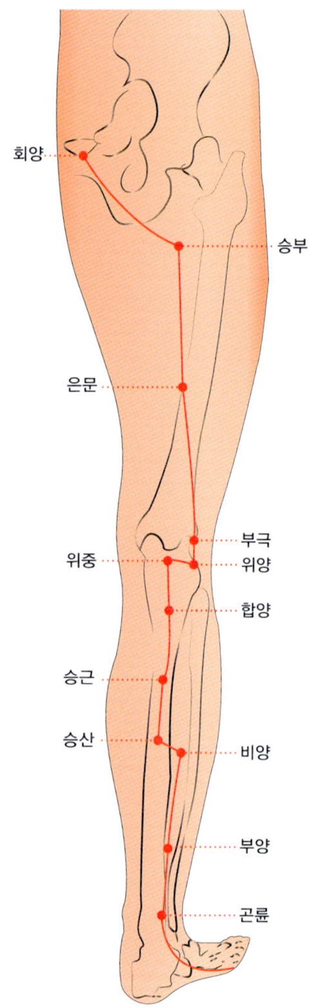

족태양방광경

(3) 하지관리를 수행하기 위한 다리에 위치한 족3음경의 경락도

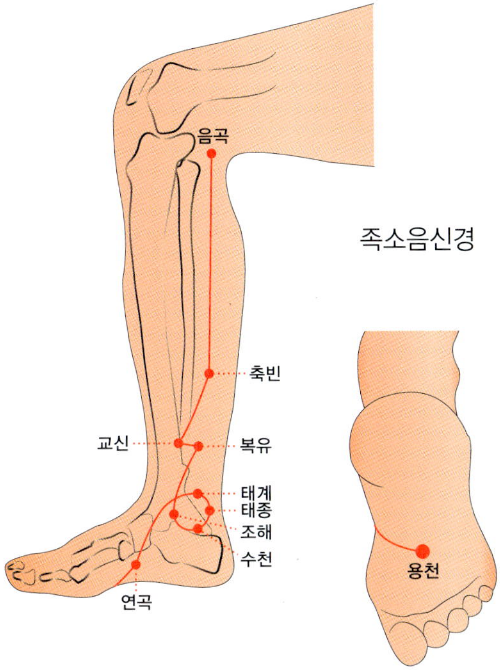

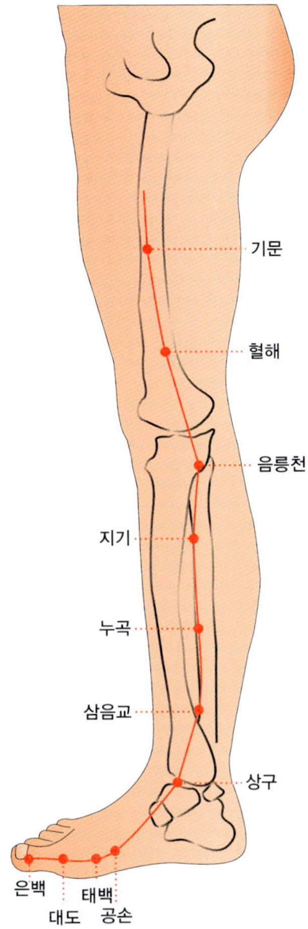

족태음비경

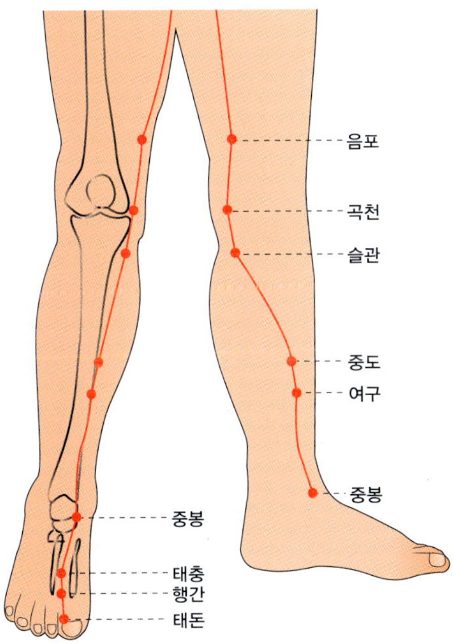

족궐음간경

(4) 하지 전면 테크닉

① 발가락 마찰하고 뽑기

② 중수골 훑고 올라가기 : 모지복을 이용하여 쓸고 올라간다.

③ 족배근 풀어주기 : 빨래 쥐어 짜듯 지그재그로 비틀어 풀어준다.

④ 사과 부수기 동작하기
하지 전체 쓰다듬기 동작으로 올렸다가 가볍게 내려온다.

⑤ 족소음신경관리 : 고객의 다리를 개구리다리 모양으로 꺾은 후 용천을 모지복으로 깊게 누른 다음에 연곡을 지나 복숭아뼈 둘레에 있는 태계 → 종 → 수천 → 조해를 둥그렇게 그리며 지나서 복유를 누른 후 음곡까지 가서 음곡을 수근으로 충분히 풀어준 다음에 대퇴부에서 서혜부까지 신경맥 흐름을 타고 쓸어 올라간다.

⑥ 족태음비경 관리 : 은백을 지그시 누른 후에 대도 → 태백 → 공손→ 삼음교를 누른 다음에 풀어주고 누곡을 지나 음릉천을 지그시 누른 후 수근을 이용하여 충분히 풀어준다 → 무릎위 혈해를 누르고 풀어준 후 기문을 누르고 서혜부까지 에너지 흐름을 따라간다.

⑦ 족궐음간경 관리 : 태돈(대돈)을 누른 후 행간 → 태충 → 중봉을 가볍게 누르고 비벼준다 → 슬관을 수근을 이용하여 쓸어주며 풀어준다 → 곡천을 지나 음포를 누른 후 풀어주고 서혜부까지 간경맥 흐름을 따라 올라간다.(중간 테크닉-하지 전체 쓰다듬는 동작 하기)

⑧ 수근을 이용하여 하지 내측을 발목부터 무릎까지 가서 음곡, 음릉천, 슬관이 모여있는 무릎 밑을 풀어준다.(3개의 에너지포인트점은 무릎관절에 영향을 미친다)

⑨ 무릎에서 서혜부 부위까지 손바닥 전체를 사용하여 넓게 쓸어올린다.(서혜부에서 독소배출하기)

⑩ **족소양담경 관리** : 풍시 → 중독을 타고 내려와 양관을 풀어주고 양릉천을 누른 후 풀어준다. (양릉천은 중요혈이다) → 양교 → 외구 → 광명 → 양보 → 현종을 지나 구허를 잘 풀어준다.

(구허는 발목이 겹질리기 쉬운 부분이므로 깊숙이 눌러주고 풀어주어야한다.)

족임읍 → 지오회 → 협계를 지나 족규음에서 깊게 누른 후 뗀다.

⑪ **족양명위경 관리** : 비관을 누른 후 복토 → 음시 → 양구 → 독비에 와서 모지로 누른 후 수근을 이용하여 무릎 전체 부위를 쓸어준다(무릎관절에 영향을 미친다) → 족삼리를 깊게 누른 후 여러 번 풀어준다 → 상거허 → 조구 → 하거허 → 풍륭 → 해계(발목 부위)를 살살 풀어준다 → 충양은 중요혈이므로 수근을 이용하여 비벼준다 → 함곡 → 내정 → 종지혈인 여태를 눌러준 후에 뺀다.

⑫ 족태양방광경은 고객이 엎드린 상태에서 관리한다.

다음 그림에 실습한 테크닉을 순서대로 정리하시오.

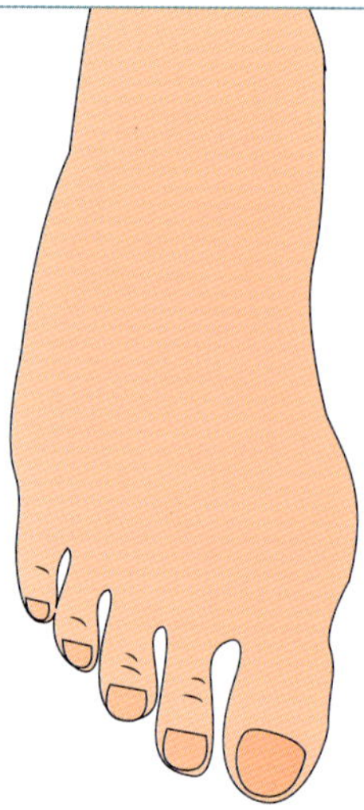

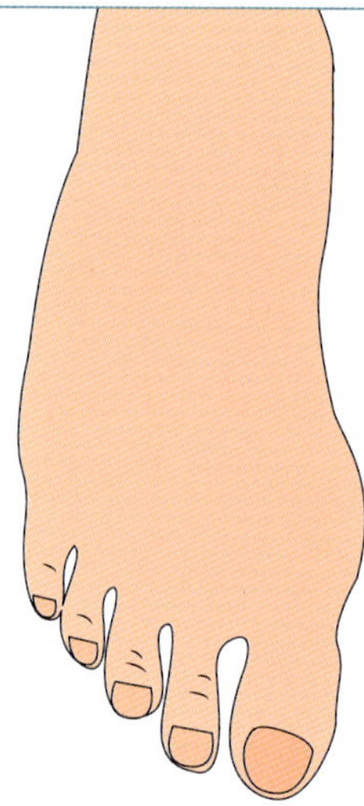

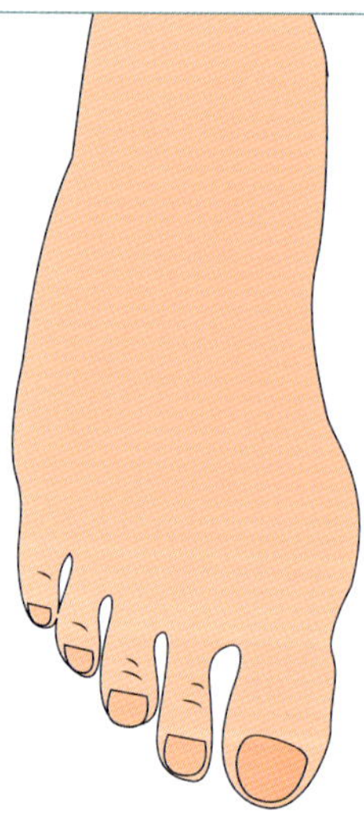

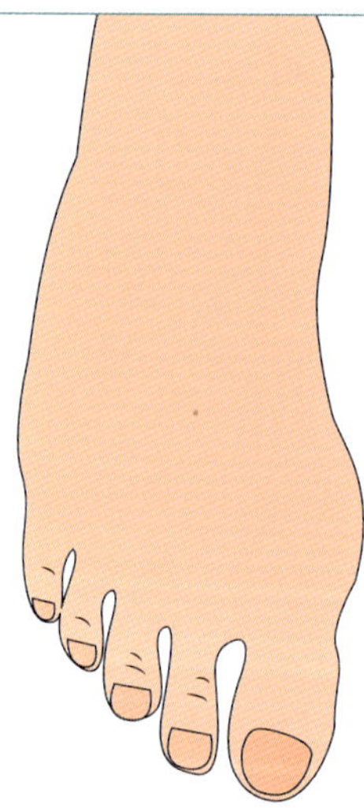

다음 그림에 실습한 테크닉을 순서대로 정리하시오.

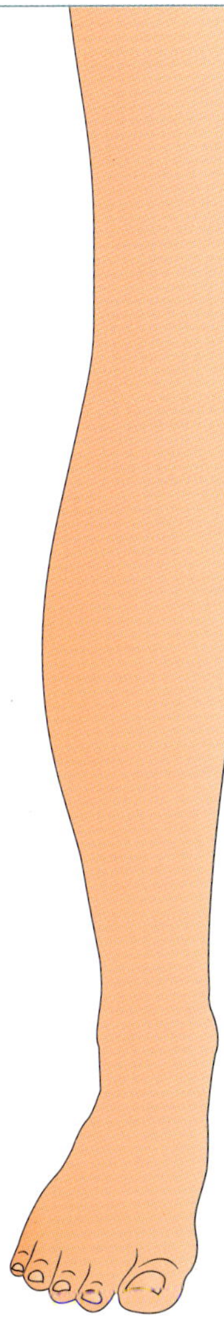	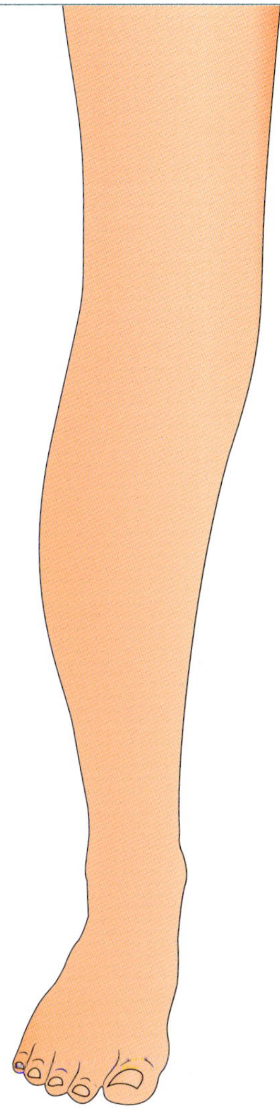

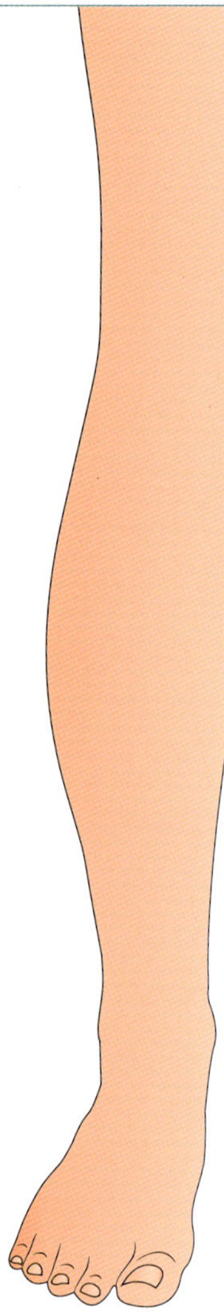	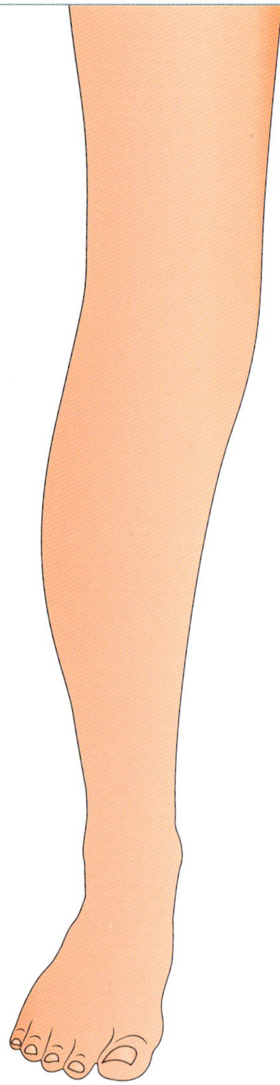

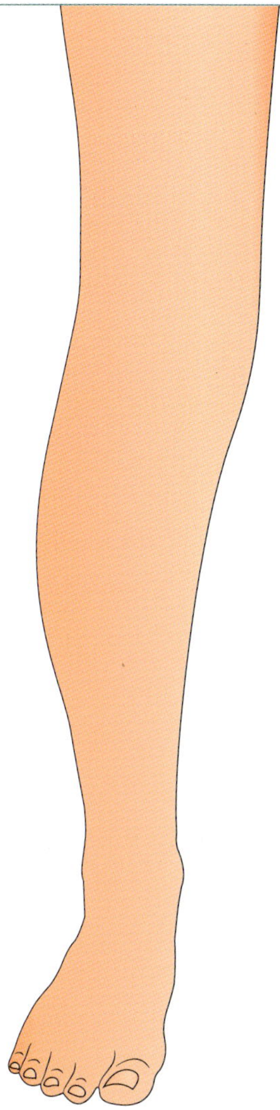	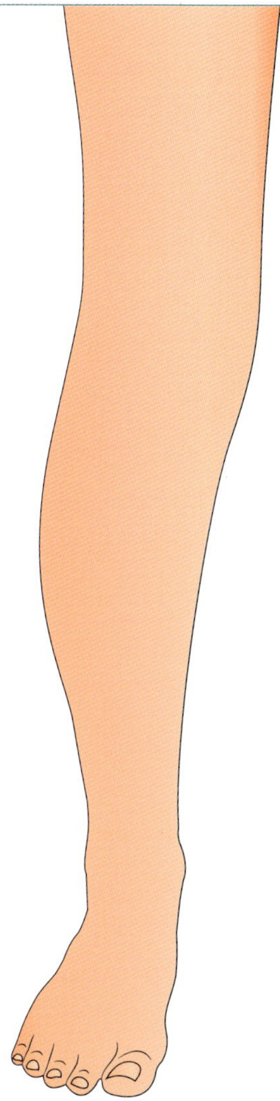

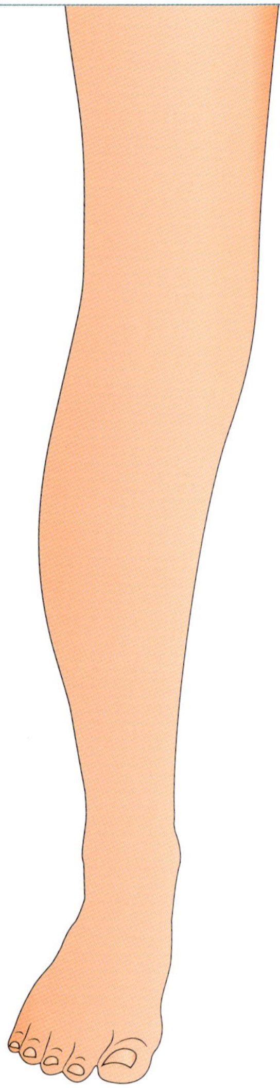

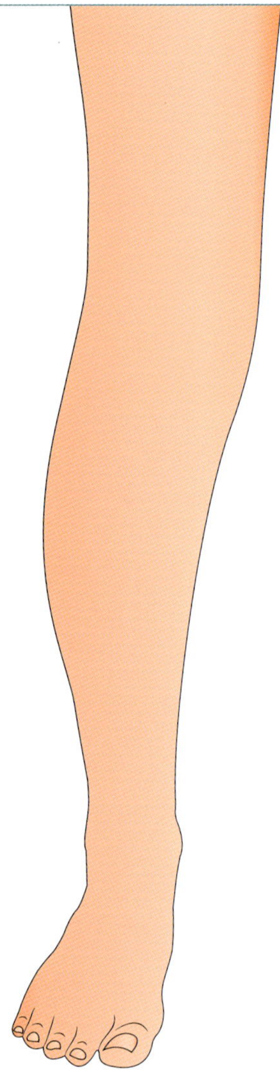

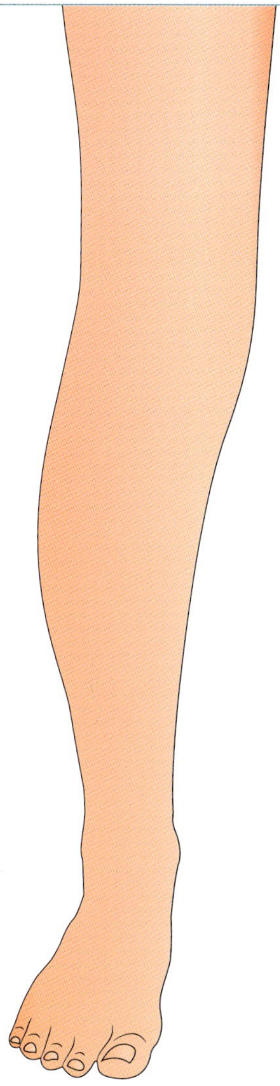

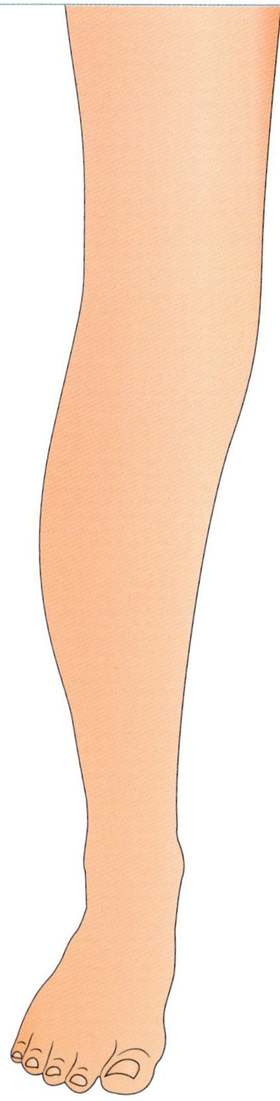

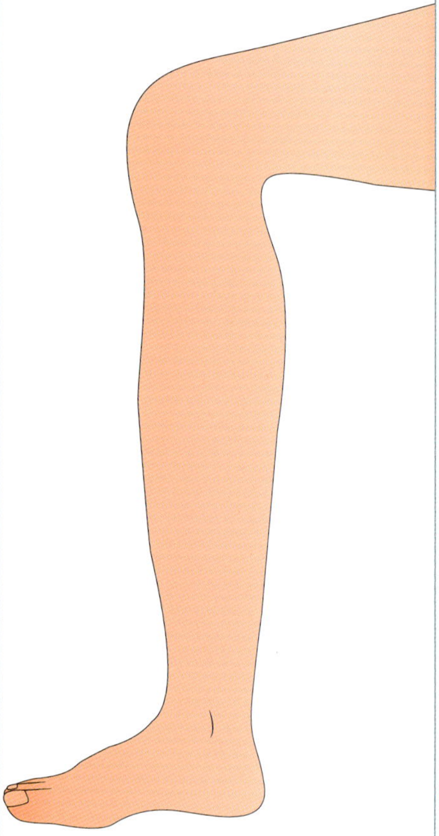

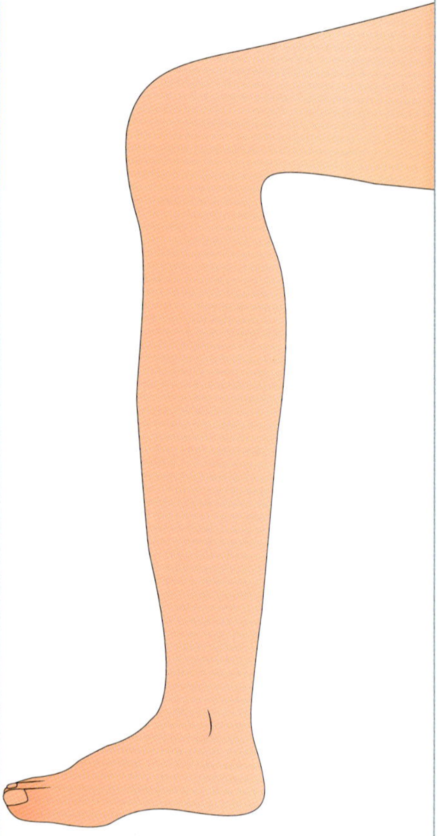

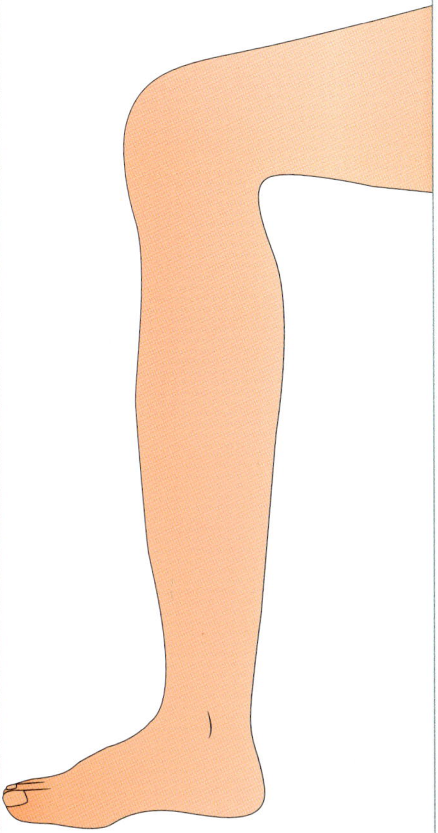	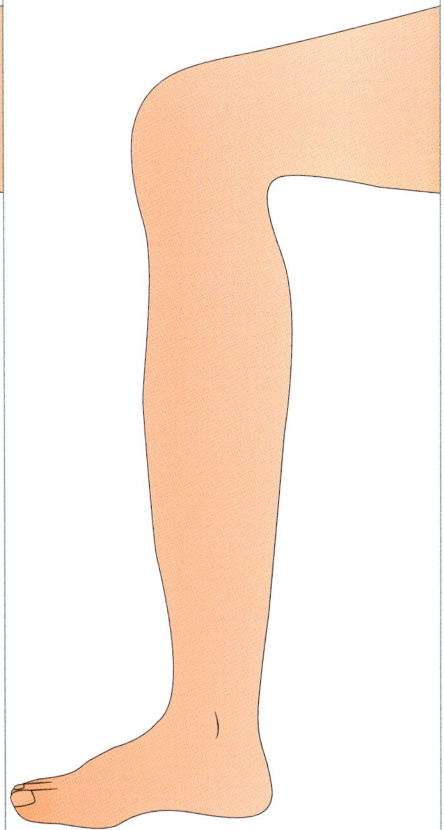

(5) 하지 후면 테크닉

고객이 엎드린 상태에서 관리한다.

① 발바닥의 용천부위 지압 후 발반사요법의 기본 반사구와 소화기계 반사구를 풀어준다.

② 지과를 이용하여 발바닥 전체와 발가락 끝까지 쓰다듬기 동작으로 풀어준다.

③ 방광경의 곤륜과 신경의 태계가 위치한 아킬레스건을 충분히 풀어준다.

④ 발뒤꿈치를 둥글리면서 풀어준다.

⑤ 발바닥을 풀어준 후 하지 전체 쓰다듬기 동작을 수행한다.

⑥ 족태양방광경 관리 : 발목에서 승산혈까지 두 손 포개어 쓰다듬기 동작으로 올라간 후 승부를 깊게 누른다.

은문 → 부극 → 위양 → 위중은 림프절이 모여 있는 곳이므로 부드럽게 풀어준다 → 함양 → 승근 → 승산은 비복근이 뭉쳤을 때 풀어주는 중요혈이므로 깊게 누른 후 풀어준다 → 부양 → 곤륜 → 복삼 → 신맥 → 금문 → 경골 → 속골 → 족통곡을 지나 종지혈인 지음을 누른 후 뺀다.

⑦ 하지 후면 대퇴부 부위와 비복근 부위를 척부로 쓰다듬기 동작을 수행한다.

⑧ 손바닥을 이용하여 발목부터 서혜부까지 쓰다듬어 올렸다가 내려와서 발가락 끝까지 가서 뺀다.

⑨ 두 손을 동시에 모지복으로 족태양방광경의 승부을 누른 후 손바닥 전체를 이용하여 떨면서 발끝까지 내려온 후에 털어준다.(독소배출 단계)

다음 그림에 실습한 테크닉을 순서대로 정리하시오.

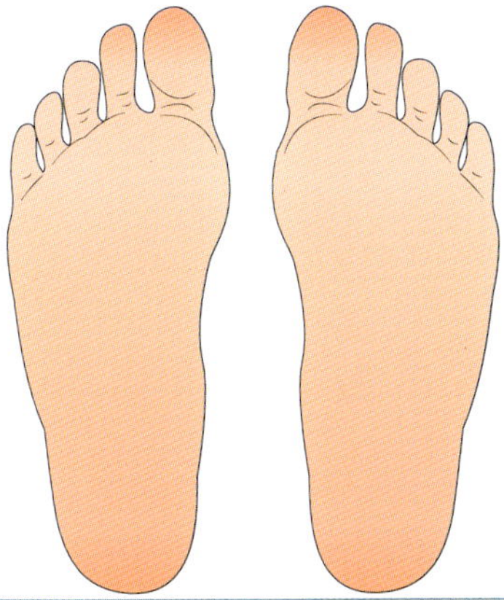	
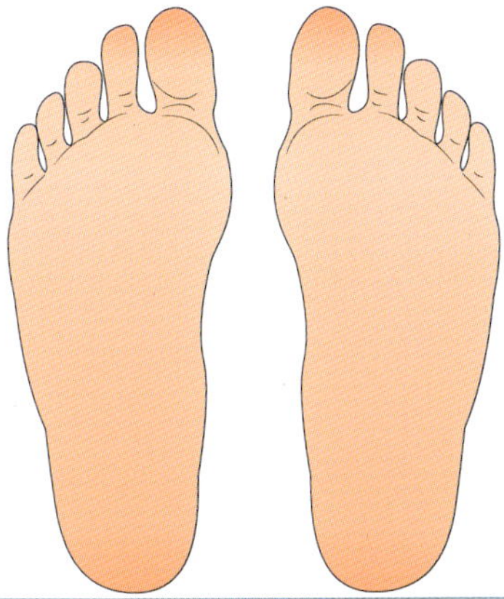	
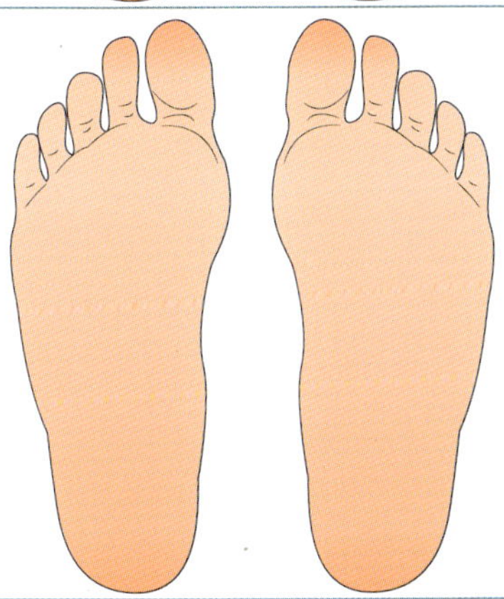	

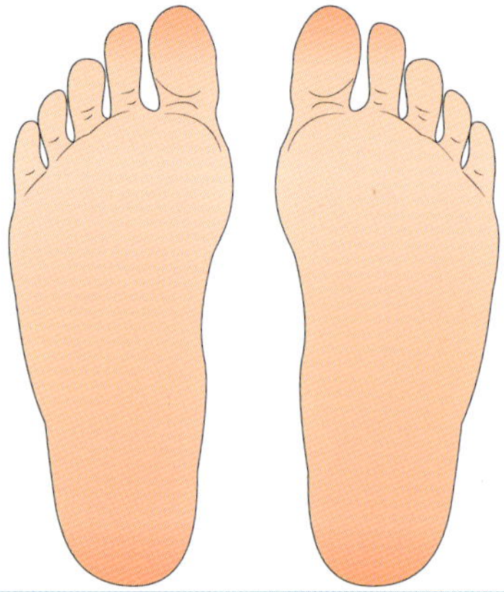

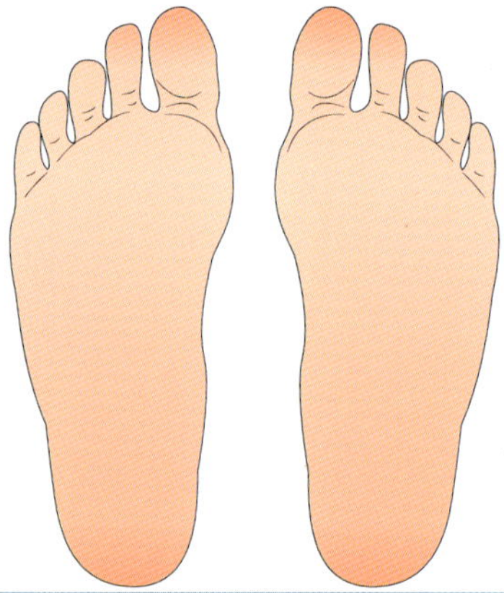

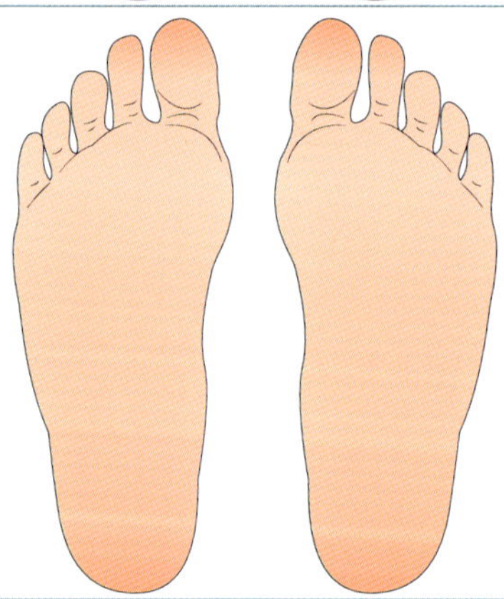

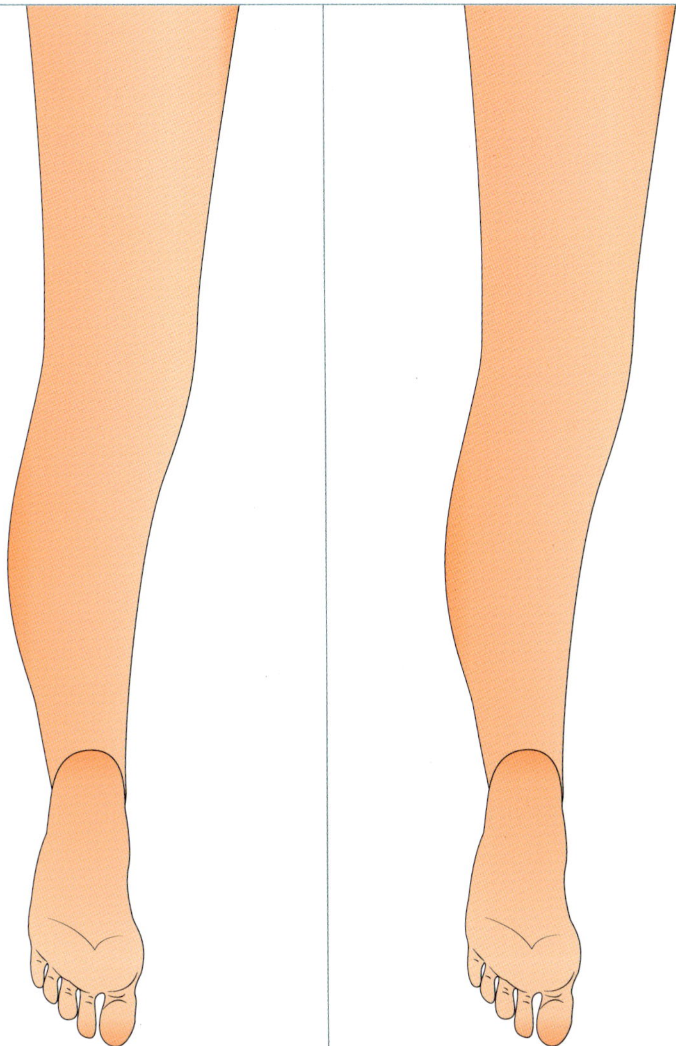

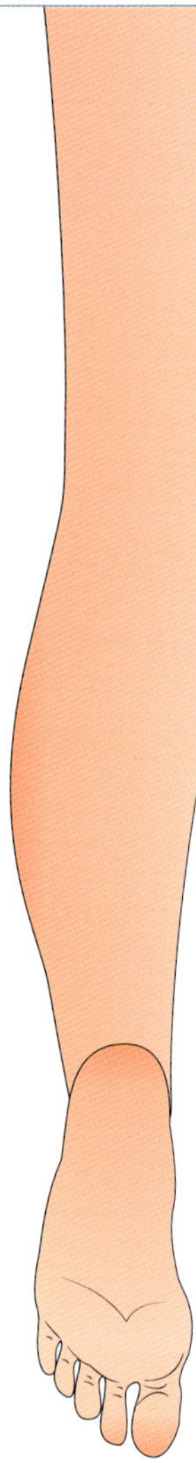

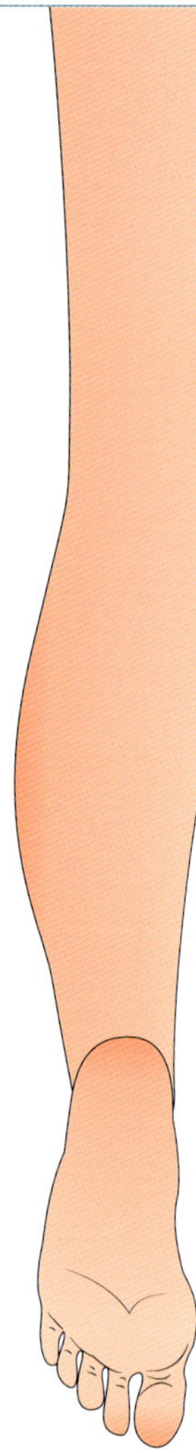

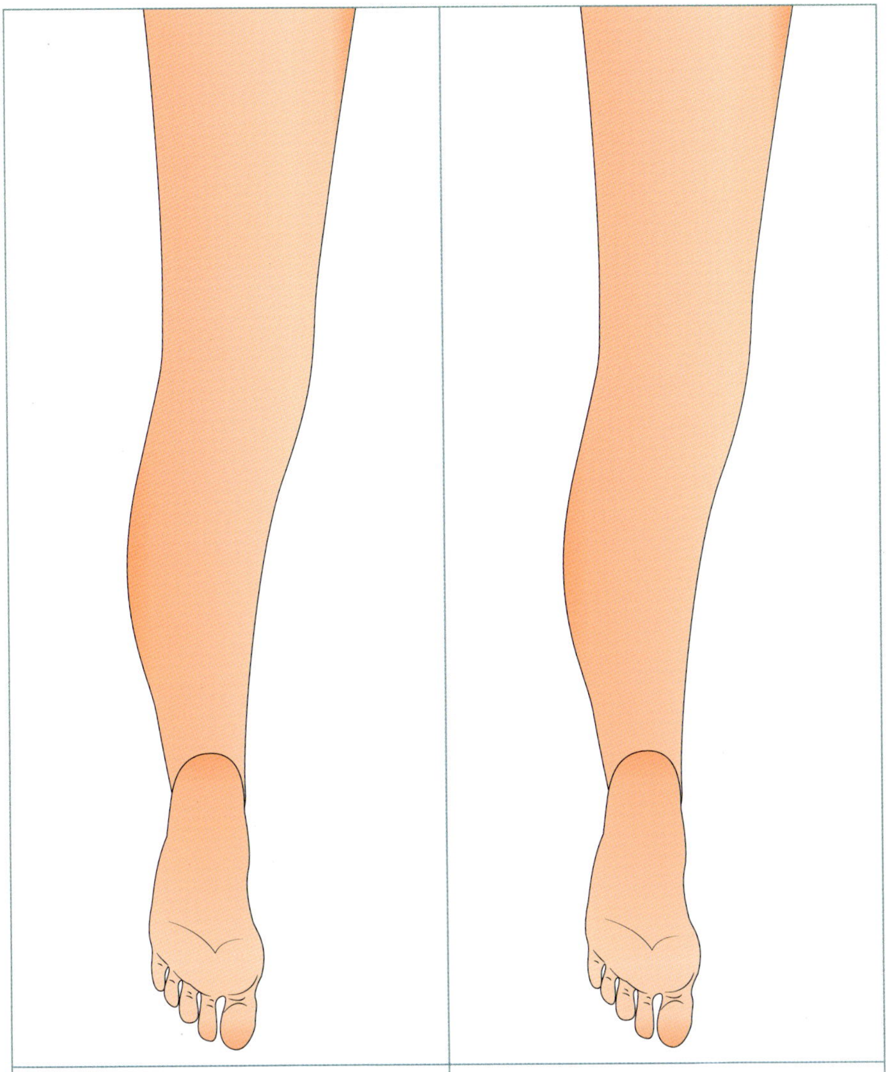

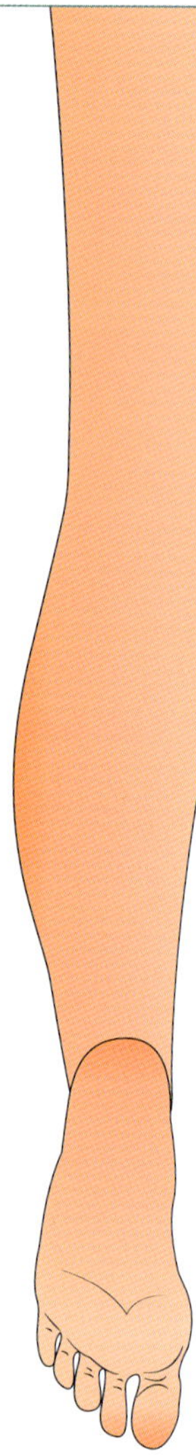	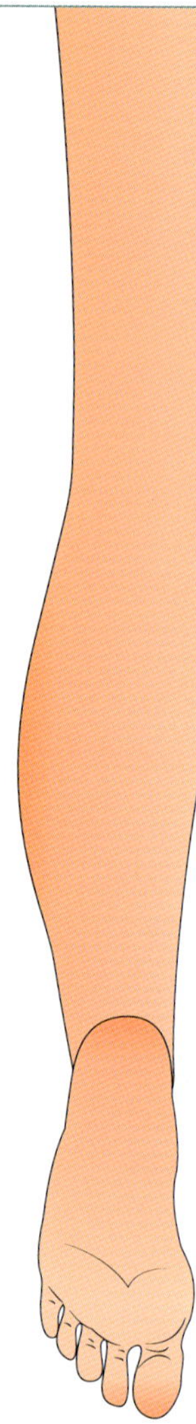

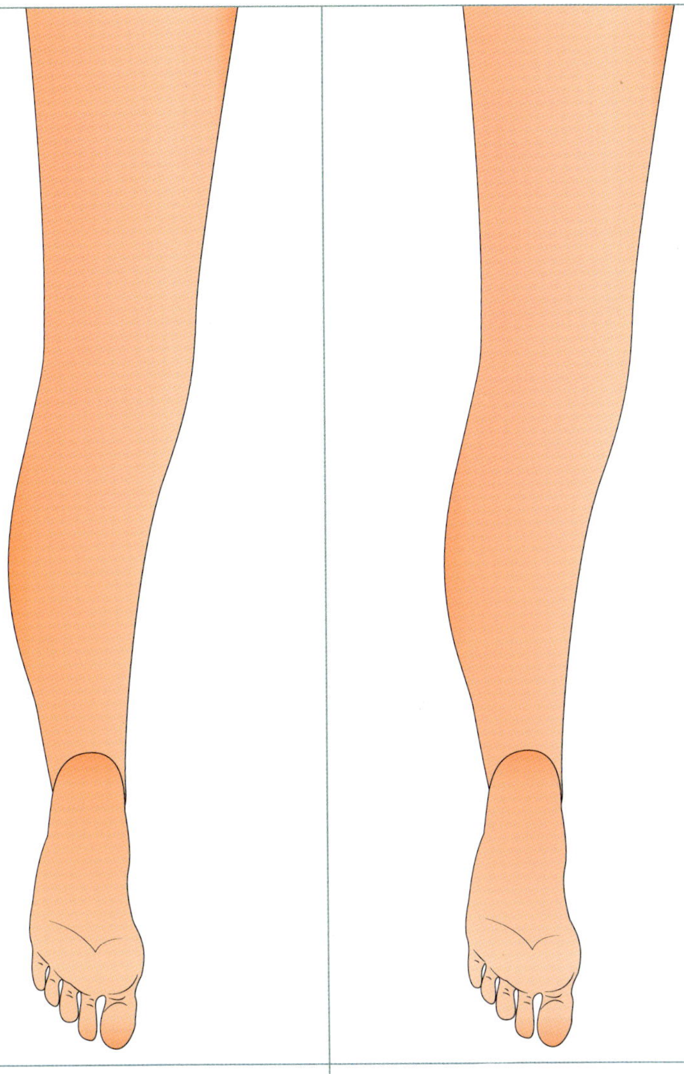

memo

부록

기시혈과 종지혈의 위치

(1) 수3음경의 기시혈과 종지혈

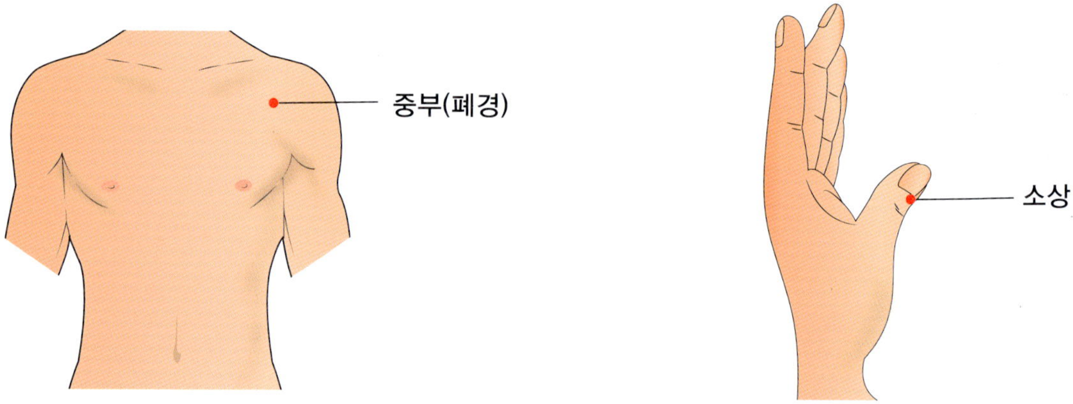

부록 1 수태음폐경의 기시혈과 종지혈의 위치

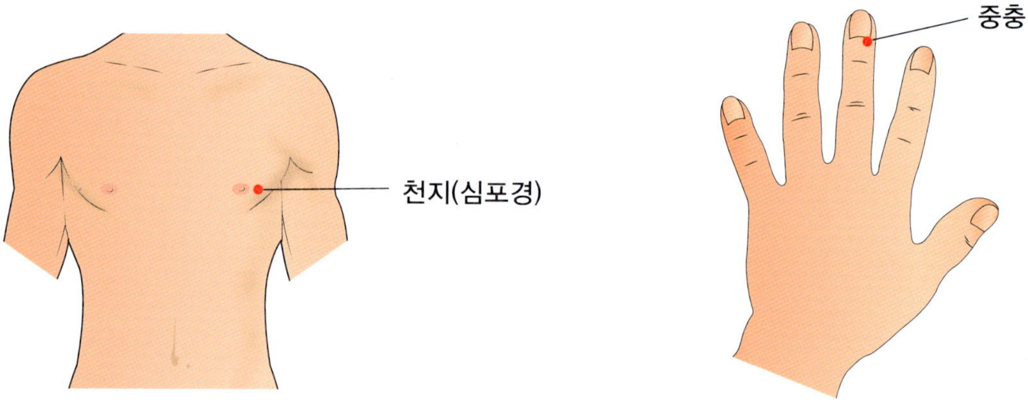

부록 2 수궐음심포경의 기시혈과 종지혈의 위치

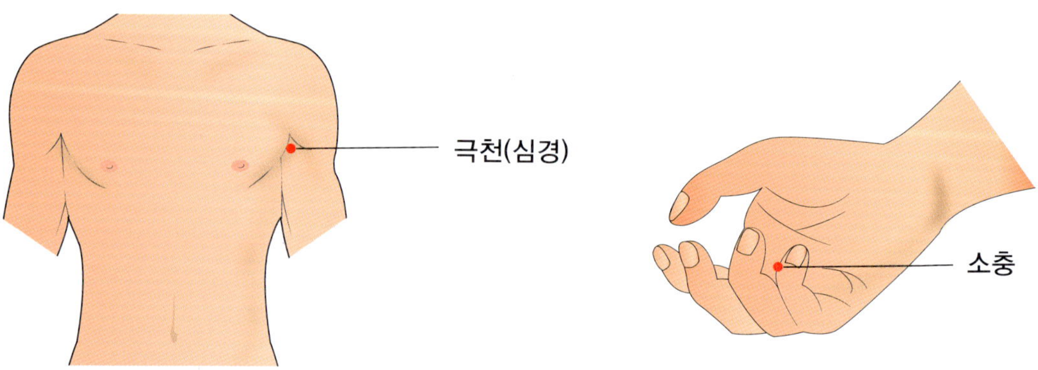

부록 3 수소음심경의 기시혈과 종지혈의 위치

(2) 수3음경의 기시혈과 종지혈

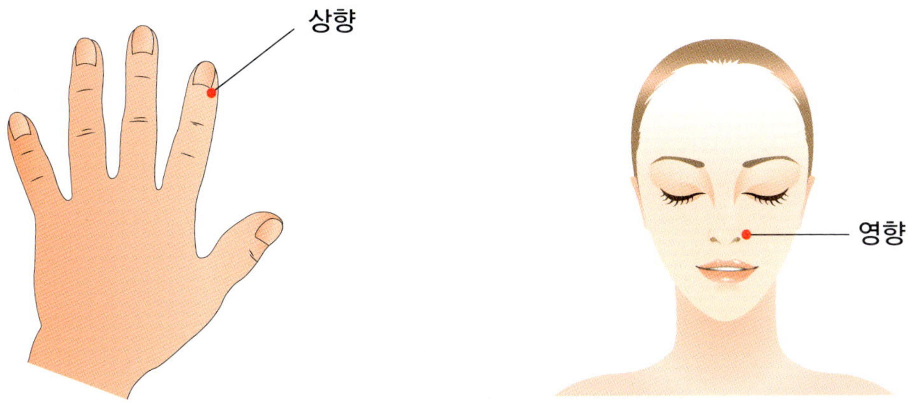

부록 4 수소양삼초경의 기시혈과 종지혈의 위치

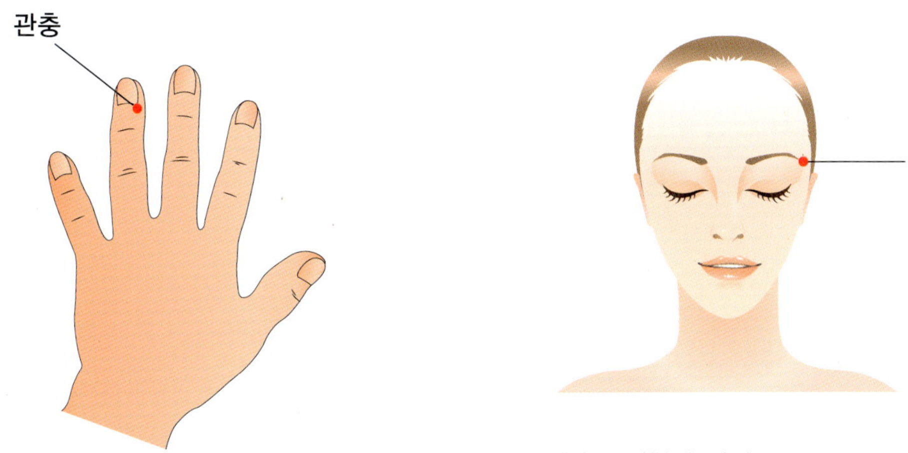

부록 5 수태양삼초경의 기시혈과 종지혈의 위치

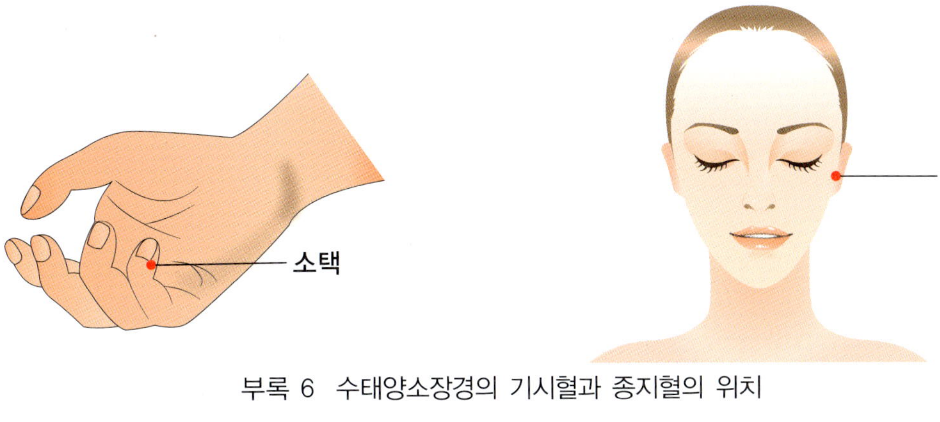

부록 6 수태양소장경의 기시혈과 종지혈의 위치

(3) 족3음경의 기시혈과 종지혈

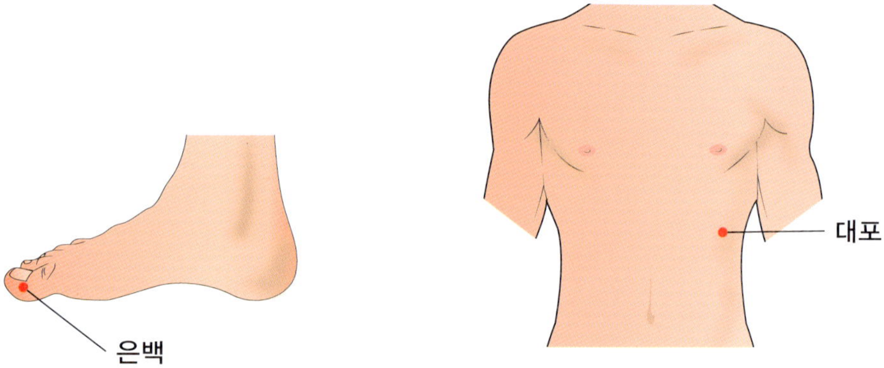

부록 7 족궐음비경의 기시혈과 종지혈의 위치

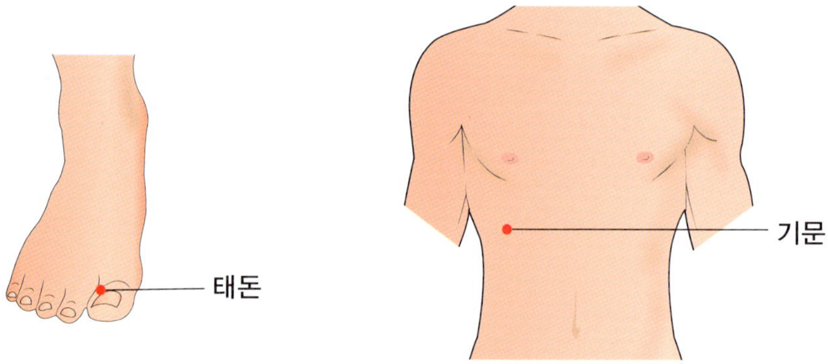

부록 8 족궐음간경의 기시혈과 종지혈의 위치

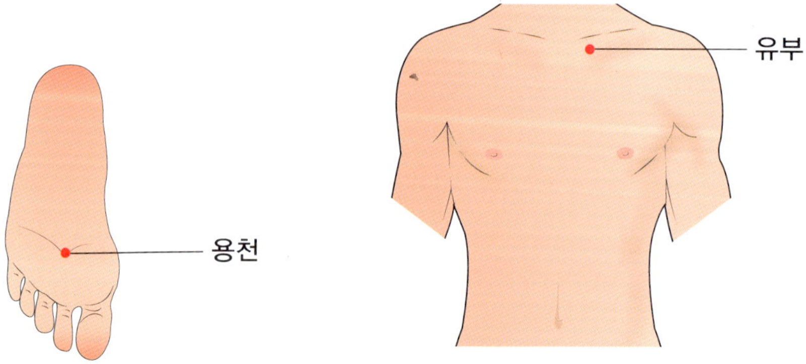

부록 9 족궐음신경의 기시혈과 종지혈의 위치

(4) 족3양경의 기시혈과 종지혈

부록 10 족양명위경의 기시혈과 종지혈의 위치

부록 11 족소양담경의 기시혈과 종지혈의 위치

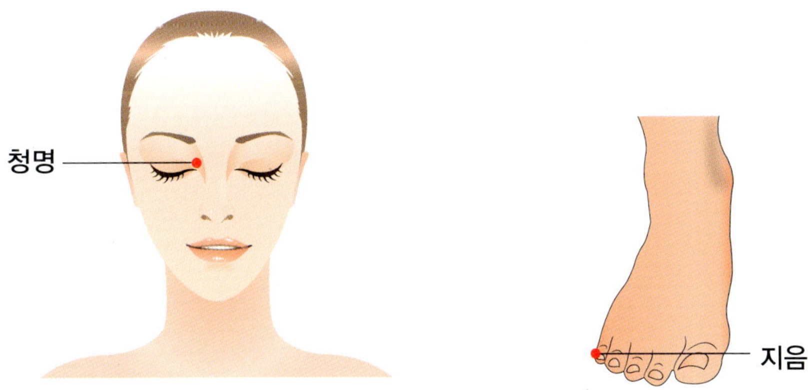

부록 12 족태명방광경의 기시혈과 종지혈의 위치

참고 문헌

- "기초 한의학", 배병철 편, 전통의학연구소, 성보사, 2005.
- "기초 경락경혈학", 전상희 외, 현문사, 2010.
- "경락미용학", 이덕수 외, 군자출판사, 2007.
- "경혈학 기초", 한방간호연구회, 현문사, 2003.
- "경혈MAP", 왕효명 외, 군자출판사, 2008.
- "경락미용", 김기연 외, 성보사, 2003.
- "대체의학", 이해덕 저, 대한직업교육진흥원 교육협의회, 년도미상.
- "美容經穴地壓特講", 李璨 편저, 샘물출판, 2000.
- "미용경락", 정영애 외, 메디시언, 2015.
- "圖人解體經絡寶鑑", 楊道文博士 編著, 德威國際文化, 2009.
- "자연요법", 김기연 외, 수문사, 2001.
- "장부변증논치", 김원희 외, 성보사, 2004.
- "피부미용경락과 지압", 김선희 외, 청구문화사, 2005.
- "피부미용실습서 Ⅲ", 채순님 외, 정담미디어, 2006.
- "한의학 개설", 원광대기초의학연구소, 영림사, 2002.
- "한방미용경락", 전현정 편저, 정담미디어, 2009.
- "한방경혈요법", 김명주 외, 정담미디어, 2006.
- "홀리스틱경락 원론", 안남훈 저, 도서출판 Holism.
- "한방경혈요법", 편저자 金明珠·全炫靜, 정담미디어, 2006.

  www.ncs.go.kr

찾아보기

ㅊ

ㅍ

ㅎ

INDEX

NCS 적용교육!!
한국형 특수관리

한방미용학

2016년 02월 23일 초판 인쇄
2016년 02월 28일 초판 발행

저 자 안선례 · 최수기

발행인 주 병 오

펴낸곳 메디시인

주소 경기도 파주시 회동길 209
파주출판문화정보산업단지

영업팀 031-955-7566 · 7577

편집디자인팀 031-955-7731

FAX 031-955-7730

홈페이지 www.ji-gu.co.kr

이메일 jigupub@hanmail.net

등록번호 1979년 7월 13일 제 9-57호

ISBN 979-11-86739-14-3

값 22,000원